Interior Lighting Design

室内照明设计

高等院校艺术设计系列教材 | 环境艺术设计

李健华 于 鹏 | 编著

中国建材工业出版社

图书在版编目（CIP）数据

室内照明设计 / 李健华，于鹏编著. —— 北京 : 中国建材工业出版社，2010.7（2016.1 重印）
（高等院校艺术设计系列教材. 环境艺术设计）
ISBN 978-7-80227-751-9

Ⅰ. ①室… Ⅱ. ①李…②于… Ⅲ.①室内照明－照明设计－高等学校－教材 Ⅳ. ①TU113.6

中国版本图书馆CIP数据核字（2010）第054974号

室内照明设计

李健华　于 鹏　编著

出版发行	中国建材工业出版社
地　　址	北京市海淀区三里河路 1 号
邮　　编	100044
经　　销	全国各地新华书店
印　　刷	北京中科印刷有限公司
开　　本	889mm X 1194mm　1/16
印　　张	8
字　　数	197千字
版　　次	2010年7月第1版
印　　次	2016 年 1 月第 4 次
书　　号	ISBN 978 - 7 - 80227 - 751 - 9
	ISRC CN - Z01 - 01 - 0017 - 0/V.TU (DVD 光盘)
定　　价	58.00 元

本社网址 | www.jccbs.com.cn

本书如出现印装质量问题，由我社发行部负责调换。联系电话：(010) 88386906

前　言

　　光是地球生物生存的保障，是人类认知世界的手段，无论是作为能源，还是作为一种刺激信号，它都是关乎生物生息繁衍和行为引导的重要事物。就室内设计而言，没有良好的光环境，空间就无所谓存在，光在室内空间中的直接意义就在于为人们提供一个良好的视觉环境，使空间价值得以实现。随着经济的发展、科技的进步，以及人们生活方式的改变和审美意识的提高，仅为实现亮化的照明已经不能适应时代的发展，而提供具有使用与审美双重价值、满足生理与心理双重需求的光环境成为人们对室内照明设计的全新追求。

　　良好的室内照明设计既有利于室内设计其他方面内容的更好体现，同时也对它们存在一定的依附性。室内照明设计要从基本照明需求、空间特定的功能需求、光环境氛围的营造等角度入手，将室内照明设计与空间形态设计、装修设计、陈设艺术设计紧密结合，实现它们的有机统一和完美结合，以创造优质化、人性化的室内空间环境。这便要求设计师具备对空间功能的分析能力、对空间其他方面设计特点的审视能力，以及全面的室内照明设计知识和较高的照明艺术鉴赏能力。

　　本书在编写过程中，始终将照明基本知识与美学知识相结合，试图在读者的意识里打上功能与审美并举的烙印。在设计方法的讲述中，将照明设计与空间设计相结合，一方面是为给读者提供应用的提示，更重要的是要给读者指出照明设计从审美角度出发的立足点和着眼点，灌输一种统筹考虑问题、和谐处理问题的思想。而对主要功能空间设计的阐述尽管不够深入，但始终以统一的思路进行讲解，目的是为使读者形成一种科学的思维方式，培养读者考虑问题的逻辑性和系统性。为便于理解，本书选择了一些典型的国内外优秀室内照明设计案例，希望能对读者有所裨益。

　　本书的编写借鉴和参考了一些学者的理论成果，借用了一些数据内容，参考书目已在书中注明，在此对参考图书的作者表示衷心的感谢！

本书的主要图片资料来源于一些国内外的优秀室内设计资料集，图片出处已在书中注明，在此对原作者表示诚挚的谢意！书中的部分图片资料来自于平时的收集和网友的支持，已难以核实其原出处，在此对原作者一并表示感谢！

感谢中国建材工业出版社为本书的出版给予的支持和帮助！

由于编者水平有限，书中难免会有疏漏和不当之处，敬请专家和读者予以批评指正，不胜感谢。

编　者

2010年春

目　录

第1章　室内光环境概述

1.1 基本光学知识

1.1.1 光的特性

光是一种电磁辐射能，是能量的一种存在形式。通常情况下，光总是以光源为中心，以电磁波的形式沿直线向四周传播，光的这种传播方式和过程称为辐射，光的传播无论有无介质都会发生。

电磁波的波长范围极其宽广，最短的波长仅 $10^{-14} \sim 10^{-16}$ m，最长的电磁波长可达数千米，其中只有波长大约是380～780nm的光为可见光。在可见光当中，波长的差异会使人产生不同的色觉。当某一发光物体放射出单一波长的光时，其表现为一种颜色，该发光物所发光称为单色光，而当处于可视波长范围内的光混合在一起时，其光色表现为白色。例如，我们看到的太阳光为白色，实际上我们只是看到了太阳所发出的波长为380～780nm范围内的光，以及这些光混合后的颜色，如果我们把太阳光进行分解，就可以看到其不同波段所呈现出来的不同色彩，其色彩按波长从380～780nm依次表现为紫、蓝、青、绿、黄、橙、红七种颜色（图1-1）。

人的眼睛不仅对不同波长的光有不同的颜色感觉，而且对其亮度的感受也不相同。就是说，在人的视觉感受中，不同波段的光不仅颜色不同，其亮度也不相同。用以衡量电磁波所引起视觉能力的量称为光谱光效能。

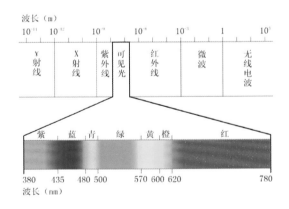

图1-1　可见光谱图

1.1.2 光的量度

1.1.2.1 光通量

光通量是光源在单位时间内发出的光的总量。

它表示光源的辐射能量引发人眼产生的视觉强度。

光通量的物理量符号为Φ，单位为流明（lm）。在国际单位制和我国规定的计量单位中，流明是一个导出单位。1lm是发光强度为1cd的均匀点光源在1sr立体角内发出的光通量，即

$$1lm=1cd \cdot 1sr$$

在照明工程中，光通量是用以衡量光源发光能力的基本量。例如，一只40W的白炽灯发出的光通量为350lm，一只40W的荧光灯发出的光通量为2100lm。W是电功率（物理量符号为P）的单位符号，在照明工程中，它表示光源消耗电能的快慢。相同电功率的光源在同一时间内消耗的电能是相等的，所以40W的白炽灯和荧光灯在同一时间内消耗的电能相等，但其辐射出的光通量却相差甚远。电光源所发出的光通量Φ与其消耗的电功率P的比值称为该电光源的发光效率η。根据定义得其公式为

$$\eta = \Phi / P$$

发光效率η的单位是流明/瓦（lm/W）。

1.1.2.2 发光强度

光源在空间某一方向上的光通量的空间密度，简称光强。发光强度以符号I_θ表示，单位为坎德拉（cd）。根据定义得其公式为

$$I_\theta = \Phi / \omega$$

式中，I_θ表示在θ方向上的光强（cd），Φ表示球面所接受的光通量（lm），ω表示球面所对应的立体角（sr）。

在数量上，1坎德拉（cd）等于1流明（lm）每球面度，即

$$1cd=1lm/1sr$$

电光源的发光强度与其光通量有直接的联系，但其又存在不确定的关系，即当某一电光源的光通量确定的情况下，可以通过外在的干预影响其发光强度，这正是室内照明设计常用的提高光源发光强度的方法。例如，一只40W的白炽灯在正常情况下

其正下方的发光强度约为30cd，而当在其上方加设一个不透明的强反射遮光罩后，因为遮光罩改变了原本向上的光通量的辐射方向，从而增加了光源下方的光通量密度，致使该电光源正下方的发光强度有很大增加。

1.1.2.3 照度

照度表示受照物体表面单位面积上所接受的光通量。照度以符号E表示，单位为勒克斯（lx）。根据定义得其公式为

$$E=\Phi / A$$

式中，E表示受照面A的照度（lx），Φ表示受照面A所接受的光通量（lm），A表示确定受照面的面积（m²）。

在数量上，1勒克斯（lx）表示1流明（lm）的光通量均匀分布在1m²的受照面上，即

$$1lx=1lm/m^2$$

根据定义可以得知，照度与光通量和受照面积有关。即当光通量确定的情况下，接收该部分光通量的面积越小，该受照面上所产生的照度就越高。而当受照面确定时，想得到更高的照度，则需要更大的光通量。

1.1.2.4 亮度

亮度是表示发光体（反光体）表面发光（反光）强度的物理量，即发光体（反光体）在视线方向单位投影面积上的发光（反光）强度，称为该发光体的表面亮度。亮度以符号L表示，单位为坎德拉每平方米（cd/m²）。

亮度与人的视觉能力有一定的关系，但其主要取决于发光体或反光体的被观察面在视线方向的光通量密度。在光源确定的情况下，发光体（反光体）的透光效果和反光效果决定了其亮度。例如，假定在同一光源下并排放置一个黑色物体和一个白色物体，此时它们的照度相同。但是由于白色物体反光效果好，所以白色物体所反射出来的光通量密

度就大于黑色物体，即白色物体的发光强度高于黑色物体，因而我们看到白色物体比黑色物体要更亮一些。鉴于此，在室内照明设计中，要充分考虑环境中各界面及物体的色彩特性，同时有针对性地进行灯光的组织，以调节总体照明效果。

1.2 光与室内环境的关系

光的存在是我们认识世界的基础，也是可以改变我们对世界的认识的条件。当我们处于一个室内空间中时，光线的变化会使我们看到的空间、物体、色彩等随之发生变化，其中不仅是直观效果的变化，同时也伴有感觉的变化。因而，对光与环境要素关系的了解是进行室内照明设计的基础。

1.2.1 光与视觉

视觉是因光作用于视觉器官，经由整个视觉系统加工后而产生，即视觉依赖于光。而视觉使人得以感知世间万物的形象，室内光环境的优劣是由视觉的特性所决定的，只有了解视觉特性，才有可能创造出良好的光环境。

1.2.1.1 暗视觉、明视觉和中介视觉

视网膜是人眼感受光的部位，网膜上的视细胞层（感光层）包括杆细胞和锥细胞。杆细胞主要在离中心凹较远的视网膜上，而锥细胞则在中心凹处最多。这两种细胞对光的感受性不同，在不同视场下起到不同的作用。杆细胞对光的感受性很高，而锥细胞对光的感受性很低。因此，在照度较低的环境里，即视场亮度在大约$10^{-6} \sim 10^{-2}$cd/m²时，只有杆细胞工作，而锥细胞不工作，这种视觉状态称为暗视觉。当亮度达到10cd/m²以上时，锥细胞的工作起着主要作用，这种视觉状态称为明视觉。而视场亮度在$10^{-2} \sim 10$cd/m²时，杆细胞和锥细胞同时

起作用，此时的视觉状态称为中介视觉（图1-2）。

虽然杆细胞对光的感受性很高，即对弱光敏

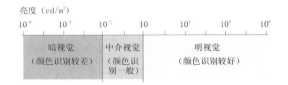

图1-2　暗视觉、明视觉和中介视觉

感，但它却不能分辨颜色。而尽管锥细胞只有在强光刺激下才容易产生视觉兴奋，但它具有颜色感。因此，人只有在照度较高、视场明亮的条件下，才有良好的颜色识别能力。在低照度的暗视觉中，颜色感则很差，各种颜色的物体都给人以蓝、灰的色感，且不能辨认目标物的微小细节。

1.2.1.2 视觉阈限

人类之所以能在不同的视场看到事物，是因为人的视觉系统能够进行主动调节，以获取适宜的光通量，形成一定的视觉感受。但这种可视范围和自调能力是有一定限度的，当视觉系统获取的光通量低于这一限度时，视觉器官就无法产生光感。能引起光觉的最低限度的光量（光通量）称为视觉的阈限。视觉阈限通常用亮度来度量，所以又称为亮度阈限。

与视觉的亮度阈限有关的因素有很多。

（1）目标物的大小

视觉的亮度阈限与目标物的大小有关。通常情况下，目标物的大小用观察目标物时眼睛所张的角度表示，称为视角。视角越小，即目标物的相对大小越小，则亮度阈限越高；视角越大，即目标物的相对大小越大，则亮度阈限就越低。而当视角超过30°时，亮度阈限不再降低。

（2）目标物的颜色

视觉的亮度阈限与目标物发出的光的颜色有关。由于在暗视觉条件下，光谱光效率向短波方向偏移，所以在相同视角下，对波长较长的光，例如红光、黄光，其亮度阈限值就高；对波长较短的

光，例如蓝光，则亮度阈限值要低一些。

（3）空间和时间

人眼的视觉阈限与空间和时间因素有关。对于范围不超过1°、呈现时间不超过0.1s的暂短刺激，视觉阈限遵循里科定律（亮度×面积＝常数）和邦森·罗斯科定律（亮度×时间＝常数）。当光的作用时间超过0.2s时，时间对视觉阈限就不再产生影响。

1.2.1.3 明适应和暗适应

光亮度的不同，形成人视觉器官感受性的差异，这种随着光刺激的变化而相应变化的感受性称为适应。适应有明适应与暗适应两种。

无论在照度高达数万勒克斯的阳光下，还是在仅有百分之几勒克斯照度的月光下，我们都可以看清事物，要能在这样宽广的亮度变化环境下看清被识别对象，其感受性必须随之变化。变化的过渡过程与杆状体和锥状体两种细胞替换工作有关，还与瞳孔扩大、缩小以及视网膜上的化学变化等因素有关。而适应的时间则有长有短，视具体情况而定。

一般来说，暗适应需要较长的过渡时间。当我们由光亮处进入黑暗处时，开始一切都看不见，需要经过一段时间才可以逐渐看清暗处物体的轮廓。在这个过程中，瞳孔由亮光处的状态逐渐放大，进入眼中的光通量随之增加，视觉感受也慢慢提高，但整个过程必须在杆状体细胞进入工作状态

后才能完成，经过大约30min之后，视觉感受才趋于稳定（图1-3）。

明适应发生在由暗处到亮处的情况下。开始时，人眼也不能很好地辨别物体，几秒到几十秒后，物体的形象才逐渐清楚。这个过程也是眼的感受性降低的过程。当我们进入明亮处时，瞳孔缩小，视网膜的感受性降低，杆状体退出工作而锥状体开始工作，使得视觉慢慢趋于稳定。

当视场内出现急剧的明暗变化时，眼睛不能很快适应，视力便会下降。为了满足眼睛的适应性要求，提高照明质量，需要对视场明暗转换处的照明进行相应处理。例如，在隧道入口处需要一段明暗过渡照明以保证一定的视力要求，缩短暗适应的时间；而隧道出口处需要明适应发生作用，因明适应时间很短，一般在1s以内，故可不作其他处理。对于一般室内空间照明来说，尽管不必同隧道照明一样严格，但仍需采取一定措施以利于视觉适应。

1.2.1.4 视力

视力的定性含义是眼睛区分精细部分的能力，视力的定量含义是指眼睛能够识别分开的两个相邻物体的最小张角D的倒数（$1/D$）。生理因素、生活环境、工作环境、年龄因素都是影响视力的因素。

1.2.1.5 后像

视觉不会瞬时产生，也不会瞬时消失，特别是在高亮度的闪光之后往往还能感到有一连串的影像，这种现象称为后像。视觉后像有两种，当视觉神经兴奋尚未达到高峰，由于视觉惯性作用残留的后像叫正后像；由于视觉神经兴奋过度而产生疲劳并诱导出相反的结果叫负后像。正后像是亮的，与闪光的颜色一样，负后像比较暗，颜色接近于闪光的补色。强烈的后像对视力工作特别有害，当有极亮的发光体突然从眼前闪过，在一定时间内，我们总会感到眼前有一个黑影，这便是极亮发光体的后像。

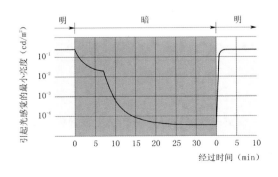

图1-3 暗适应与明适应

1.2.1.6 眩光

视场中有极高的亮度或存在强烈的亮度对比时，便会造成视觉降低和人眼睛的不舒适甚至痛感，这种现象统称为眩光。按其评价的方法，前者称为失能眩光，后者称为不舒适眩光。

当一个明亮光源发出的光线被一个光泽的或半光泽的表面反射入观察者眼睛时，会产生轻度分散注意力直至相当不舒适的感觉。如果这种反射发生在作业面上，就称为"光幕反射"，若发生在作业面以外时，就称为"反射眩光"。光幕反射会降低作业面的亮度对比，使视觉工作效果降低，从而也就降低了照明效果。

室内照明环境中影响眩光的原因有很多，例如，光源表面或灯具反射面的亮度越高，眩光越显著；光源距离视线越近，眩光越显著；视场内光源面积越大、数目越多，眩光越显著。

1.2.2 光与颜色

1.2.2.1 光色

在光环境设计中，照明光源的颜色质量由两个方面决定，即色表与显色性。

（1）色表

色表是人眼观看到的光源所发出的光的颜色，即光源的表观颜色，通常以色温或相关色温来表示。图1-4为表示光源的颜色性质的色度图。

当某一光源的色度与某温度下的完全辐射体（黑体）的色度相同时，完全辐射体（黑体）的温度（绝对温度，单位为开尔文，符号为K）即为该光源的色温。色温能够恰当地表示热辐射光源的颜色。但大部分放电光源发射的光的颜色与黑体在任何温度下所发射的光的颜色都不完全相同，只有类似的颜色，所以，当光源所发射的光的颜色与黑体在某一温度下发射的光的颜色最接近时，黑体的温

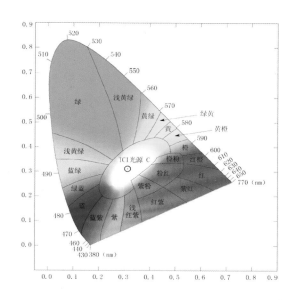

图1-4 色度图

度就称为该光源的相关色温。

黑体是将电磁波全部吸收，既没有反射，也没有透射的物体。在黑体辐射中，随着温度的不同，光的颜色也不相同。色温为2000K的光源所发出的光呈现橙色；色温为2500K左右的光呈浅橙色；色温为3000K左右的光呈橙白色；色温为4000K左右的光呈白中略显橙色；色温为4500～7500K左右的光近似白色（其中5500～6000K的光最接近白色）；日光的平均色温约为6000～6500K。

光源色温高低的不同会产生冷或暖的感觉，冷暖感是因为我们适应了太阳光，而对太阳光的色温产生适中感，即光的冷暖界限是以其色温与日光色温的比较而产生的。为了调节冷暖感，可根据不同地区不同场合的情况，采取与实际感觉相反的光源来增加舒适感。如在寒冷地区宜使用低色温的暖色光源，而在炎热地区宜使用高色温的冷色调光源。

（2）显色性

显色性是指在光源的照射下，与具有相同或相近色温的黑体或日光的照明相比，各种颜色在视觉上的失真程度，即光源对它照射的物体颜色的影响作用。光源的显色性以一般显色指数Ra来表示。

当光照射到某一物体上时，物体对光表现出有

选择的反射、透射和吸收。所反射或透射出的是与物体颜色相同的色光，则观察者就能感受到物体的颜色。用不同种类光源的光去照射同一物体，由于光源的光谱成分不同，物体反射或透射出的光谱成分也就不同，从而使人们得到不同的颜色感觉。

由于人类长期在日光下生活，习惯了以日光的光谱成分和能量为基准来分辨颜色，所以在显色性测定中，将日光或与日光很接近的人工标准光源的一般显色指数定为100。对同一物体，在被测光源的光照射下呈现的颜色与标准光源的光照射下所呈现的颜色的一致程度越高，则被测光源显色指数R_a越大，即显色性越好；一致程度越低，则被测光源显色指数R_a就越小，即显色性越差。

1.2.2.2 光色与物体色的关系

颜色来源于光。实际上，物体的色彩是物体对光源的光谱辐射有选择地反射或透射而使人产生的感觉。物体的正常颜色是在日光下所呈现出来的颜色，其颜色取决于物体表面光谱反射率。当一物体在阳光下呈现黑色时，在我们的观念中，该物体的固有色就是"黑色"。其之所以呈现黑色，是因为物体接受了太阳光后，只反射出黑色的光。而在不同光源下，该物体颜色则不一定呈现出它在阳光下时我们所看到的颜色，这是因为光源的光谱组成对于颜色的显示也至关重要。

1.2.2.3 光色的混合

颜色的混合是指两种或两种以上的颜色混合在一起，会产生一种新的颜色。光色的混合与物体色（颜料）的混合有很大的差别，光色的混合遵循加法混色，物体色的混合遵循减法混色。

在色度学中，将红（波长为700nm）、绿（波长为546.1nm）、蓝（波长为435.8nm）称为三原色。这是因为，它们之中的任何一个颜色都不可能由另外两种颜色混合而得，但我们看到的任何一种颜色都可以由它们匹配出来。例如，将红色光与绿

色光以不同光强进行匹配，随着光强的变化可得出一系列新的颜色，如红橙色、橙黄色、橙色、黄橙色、黄色、黄绿色、绿黄色等；同样，将红色光与蓝色光、绿色光与蓝色光相混合，也会产生一系列介于其两者之间的颜色。如果将红色光、绿色光、蓝色光以适当的比例混合，会产生白色光，而白色是我们在绘画时调配不出来的颜色。

光的混合遵循以下规律：

（1）补色律。以适当比例进行混合能产生白色或灰白色的两种光，称为互补色。如黄色光和蓝色光混合可获得白色光，故黄色光与蓝色光互为补色。

（2）中间色律。两种非互补色光混合可产生中间色。中间色倾向于比重大的光色。

（3）替代律。表观颜色相同的光，不管其光谱组成是否相同，其在颜色相加混合中具有同样的效果。

（4）亮度叠加律。由几种颜色的光组成的混合光色的亮度，是各种颜色的光亮度的总和。颜色的光学混合是由不同颜色的光线同时引起眼睛兴奋的结果。

颜色的光学混合定律在装饰与艺术照明中有很高的实用价值，三基色光源也是应用颜色光学混合定律制成的。

1.2.3 光与空间

光的存在可以使空间产生一定的效果，而光的变化也会使空间具有不同的感觉。通常情况下，空间的开敞感与光的亮度成正比，即明亮的房间感觉要大一点，而昏暗的房间感觉要小一点。如图1-5所示，与图1-5（b）相比，图1-5（a）光源照度相对较高，房间则显得明亮，因而感觉图1-5（a）中的房间相对较为宽敞，事实上只是对同一房间采用了

不同照度光源的结果。对空间中的同一光源来说，当其光线的空间分布方向发生变化，空间效果随即发生改变，上部空间光线多时，空间显得高；下部空间光线多时，空间显得矮一些。在图1-5中，图1-5（c）与图1-5（d）的差异是房间内落地灯的光通方向不同，图1-5（c）中因采用上投光落地灯而使空间显得更高一些。此外，光源在空间中的设置位置的不同，也会产生不同的空间效果。

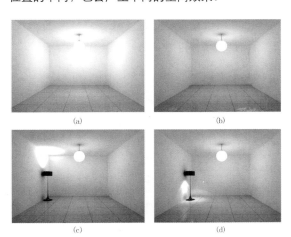

图1-5 灯光变化对室内空间的影响

光不能改变空间本身，但光的存在可以使空间产生一种假象，给人造成错觉，从而改变人们对空间的感觉，这正是光的基本使用价值之外的作用。在室内照明设计中，经常利用光的这种作用，通过对光照度、光通量分布、光源的位置、光的投射角度等条件的变化，来美化和改善空间，甚至形成不同的场景变化。

1.2.4 光与室内装饰材料

光在均匀介质中的传播方向不会发生改变，但当光的传播遇到不同介质的阻挡时，其传播方向就会发生变化，而产生反射、透射和吸收现象。室内空间中能看到的光不都是直接由光源所发出的光，绝大多数光是经由空间中的物体和空间界面反射或透射的光。我们之所以能够看到事物，也是因为当光线照射于事物时，事物把投射在它表面的光反射到我们的眼中，或者光线透过事物发射到我们的眼里，这些反射或透射的光线信息经由我们视觉系统的加工处理，形成了我们对事物的视觉感受。而因为不同的材料、不同的色彩对光线反射或透射的结果不同，所以使我们产生了对事物特性的不同认识。因为室内空间是由不同材料构建而成的，所以要实现良好的照明效果，必须了解不同材质的特性，以掌握其对光传播的影响，同时，还要了解光线经过这些材料的反射和透射后在空间的分布规律。

1.2.4.1 材料对光传播的影响

当光照射到物体表面时，光的传播方向就会发生变化，一部分光被物体表面反射出去，一部分光会被物体吸收，在光照射到透光物体时，还会有一部分光透过物体继续传播。

例如，当光线照射到悬放于空间中的一块玻璃板时，由于玻璃板阻挡了照射在它表面的光的直线传播，从而会引起光线传播的变化。光照射到玻璃板表面后，一部分光通量被玻璃板表面反射（Φ_ρ）出去，一部分光通量可能会透过（Φ_ζ）玻璃板继续传播，还有一部分则会被玻璃板所吸收（Φ_a）。根据能量守恒定律，入射光通量（Φ_i）等于上述三部分光通量之和，即

$$\Phi_i = \Phi_\rho + \Phi_\zeta + \Phi_a$$

反射光通量与入射光通量的比值称为反射比，也称反射系数，以ρ表示

$$\rho = \Phi_\rho / \Phi_i$$

透射光通量与入射光通量的比值称为透射比，也称透射系数，以ζ表示

$$\zeta = \Phi_\zeta / \Phi_i$$

事物吸收的光通量与入射光通量的比值称为吸收比，也称吸收系数，以a表示

$$a = \Phi_a / \Phi_i$$

就室内照明设计而言，因为各种装饰材料对光的反射、透射等具有不同的效率，所以在进行室内照明设计之前，要对所用装饰材料的特性有足够的认识，以便进行针对性的灯光设置。同时，反射、透射原理对照明工具也有很大影响，是选择灯光效果应考虑的重要因素之一，所以应对光的反射与透射做较为详细的了解。

1.2.4.2 材料的光反射

光辐射由一个表面返回，若组成辐射的单色分量的频率没有变化，这种现象叫做反射。反射光的强弱与分布形式取决于材料的表面特性，也与光的入射方向有关。例如，垂直入射到透明玻璃板上的光线约有8%的反射比。加大入射角度，即向玻璃板做倾斜照射，反射比将随之增大，最后会产生全反射。

光的反射因材料的表面特性的差异产生两类分布形式，一类反射光呈规则状态，即规则反射；另一类反射光呈扩散状态，即扩散反射。在扩散反射中，根据反射光的具体分布又可分为定向扩散反射、漫反射和混合反射等。

（1）规则反射

规则反射又叫镜面反射，其入射光线、反射光线及反射表面的法线同处于一个平面内，入射光与反射光分别位于法线两侧，且入射角等于反射角（图1-6a）。

玻璃镜面和磨光的金属、石材具有光滑密实的表面，可形成规则反射。对规则反射的利用是控制光强分布和提高光源利用率的有效方法之一。绝大多数节能灯具都利用这一现象，通过制作铝板、不锈钢板、镀铬铁板、镀银或镀铝的玻璃和塑料等材质的遮光罩，来提高光源的利用率。

（2）定向扩散反射

定向扩散反射是一种既存在规则反射，又存在以规则反射光为中心向外扩散反射的一种反射形

式。在定向扩散反射中，反射光保持与入射光分别位于法线两侧的特点，其中以规则反射部分的光线最强（图1-6b）。经过冲砂、酸洗或锤点处理的毛糙金属表面具有定向扩散反射的特性。

（3）漫反射

漫反射是一种反射光自由发散的反射方式，其特点是反射光的分布与入射光方向无关，在宏观上没有规则反射，反射光不规则地分布在所有方向上（图1-6c）。无光泽的毛面材料或由微细的晶粒、颜料颗粒构成的表面产生漫反射。

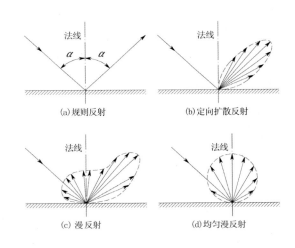

图1-6 反射光的分布形式

若反射光的光强分布与入射光的方向无关，而且反射光呈现出以入射光与反射面的交点为切点的圆球状分布，这种漫反射称为均匀漫反射（图1-6d）。均匀漫反射材料的光强分布与亮度分布见图1-7。其反射光的最大发光强度在垂直于表面的法

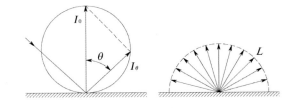

图1-7 均匀漫反射材料的光强与亮度分布

线方向，其余方向的光强同最大光强有以下关系：

$$I_\theta = I_0 \cos\theta \text{ (cd)}$$

该式称为朗伯余弦定律。其中I_θ表示反射光与表面法线夹角为θ方向的光强（cd），I_0表示反射光在反射表面法线方向的最大光强（cd）。符合朗伯定律的材料叫朗伯体，这类材料无论入射光的方向如何，其表面各方向上的亮度都是相等的。氧化镁、硫酸钡、石膏等具有这种特性。装饰工程中的大部分常用无光泽饰面材料都可近似地看作均匀漫反射材料，如粉刷涂料、乳胶漆、无光塑料墙纸、陶板面砖等。

根据朗伯定律，可以导出由照度计算均匀漫反射材料表面亮度的简便公式：

$$L = \rho E / \pi$$

由照度计算均匀漫透射材料表面亮度计算公式为：

$$L = \tau E / \pi$$

式中，L表示反射光或透射光表面亮度（cd/m²），ρ表示材料反射比，τ表示材料透射比，E表示材料表面的照度（lx）。这两个公式常用作环境平均亮度的计算。

（4）混合反射

规则反射和漫反射共存的现象称为混合反射。多数材料表面有混合反射特性，例如光亮的陶瓷表面。

1.2.4.3 材料的光透射

光线通过介质时，如果组成光线的单色分量频率不变，这种现象便称为透射。玻璃、晶体、某些塑料、纺织品、水等能透过大部分入射光，都是透光材料。材料的透光性能不仅取决于它的分子结构，还与它的厚度有关。非常厚的玻璃或水将是不透明的，而一张极薄的金属膜可能是透光的，至少可以透过部分光线。

材料透射光的分布形式也可分为规则透射、定向扩散透射、漫透射和均匀漫透射四种（图1-8）。透明材料属于规则透射，在入射光的背侧可以清晰

地看见光源与物像。磨砂玻璃是典型的定向扩散透射，在其背光的一侧仅能看见光源模糊的影像。乳白玻璃具有均匀漫透射的特性，整个透光面亮度均

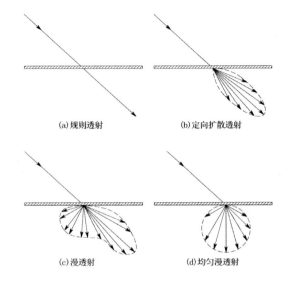

(a) 规则透射　　　(b) 定向扩散透射

(c) 漫透射　　　(d) 均匀漫透射

图1-8 透射光的分布形式

匀，完全看不见背侧的光源和物像，是做灯具滤光片的很好材料。

1.3 室内光环境的意义

室内光环境包括自然采光和人工照明两部分，为室内空间基本功能的实现和空间价值的更好发挥起到了保障作用。

1.3.1 满足空间的使用功能

任何室内空间都离不开光，没有光的环境，人们就不能工作、学习和生活，室内空间的价值就难以实现，所以室内光环境的首要意义是使空间的使用功能能够实现。一盏烛光能够为我们的读书提供光亮，而一只40W的荧光灯也能使我们有一个明亮的读书环境，但是，在哪个环境下我们读书的效率更高？在哪个环境下我们更不容易视觉疲劳？因而，良好的光环境的意义，不仅仅

是提供照明需求，更重要的是通过对各种功能的分析，为不同功能空间进行适宜的照度设置和亮度分布，确保提供我们生活、工作、学习所需的良好视觉环境，以保证生活、工作、学习的顺利进行和人的生理健康。

1.3.2 增加空间的审美趣味

人的生活质量、工作效率与人的情绪有很大关系，而人的情绪是很容易受到环境感染的，所以，光环境的更高意义就是增加环境的感染力，调动人的情绪，以进一步提高生活质量和工作效率。光环境对人的情绪的影响是通过增强光环境的审美趣味，创造与空间功能相匹配的空间氛围来实现的。例如，利用灯具造型及其优美的光色，使环境具有某种气氛和意境，体现一定的风格，增加空间的艺术美感，从而使人心情愉悦、精神抖擞。

室内光环境设计在室内空间中发挥着越来越重要的作用，已成为提高人们生存质量的一个不可或缺的因素。

延伸阅读：

1.俞丽华、朱桐城，《电气照明》，同济大学出版社，1990年12月出版。

2.郝允祥等，《光度学》，北京师范大学出版社，1988年8月出版。

思考题：

1.试述照度与亮度的关系。

2.试述光混色效果与颜料混色效果的差异。

第2章 室内照明光源

2.1 常用光源的种类

自身能发光的物体称为光源。目前我们所采用的光源分为两大类：自然光源和人工光源。天然采光主要指对日光的有效利用；油灯和蜡烛是早期的人工光源，各种电光源则是人类现代文明的产物。

室内照明常用的电光源有白炽灯、卤钨灯、荧光灯、金属卤化物灯，以及发光二极管（LED）等，其他如高压钠灯、荧光高压汞灯等光源因显色性较差，通常不适合室内空间使用。根据各种光源的基本工作原理，上述光源基本上可以分为固体发光电光源（热辐射光源）、气体放电发光电光源和电致发光电光源三大类。

2.1.1 固体发光电光源

固体发光电光源主要是利用电流将物体加热到白炽程度而产生发光的光源，如白炽灯、卤钨灯。

2.1.2 气体放电发光电光源

气体放电发光电光源是利用电流通过气体而发射光的光源。其具有发光效率高、使用寿命长等特点，使用范围很广泛。

气体放电发光电光源按放电的形式分为以下两种：

（1）弧光放电光源

此类光源主要利用弧光放电柱产生光（热阴极灯），放电的特点是阴极位降较小。这类光源需要专门的启动器件和线路才能工作。荧光灯、钠灯等均属于弧光放电灯。

（2）辉光放电光源

此类光源由正辉光放电柱产生光，放电的特点是阴极的次级发射比热电子发射大得多（冷阴极），阴极位降较大（100V左右），电流密度较小。这种灯也叫冷阳极灯，霓虹灯属于辉光放电灯。此类光源通常需要很高的电压。

放电光源还可以按其他特点分类。放电光源通常按其充入气体（或蒸汽）的种类和气体（或蒸汽）压力的高低来命名，如氙灯、高压汞灯、低压钠灯等。

2.1.3 电致发光电光源

电致发光电光源是利用通过加在两电极的电压产生电场，被电场激发的电子碰击发光中心，而引致电子解级的跃进、变化、复合导致发光的光源，如发光二极管（LED）。

2.2 室内常用光源及特性

2.2.1 白炽灯

用通电的方法加热玻璃泡壳内的灯丝，导致灯丝产生热辐射而发光的光源称为白炽灯。

2.2.1.1 白炽灯的工作原理

白炽灯的主要部件为灯丝、芯柱、泡壳、填充气体和灯头。

灯丝是白炽灯的发光部件，由钨丝制成。钨丝常被制作成螺旋状，以减少钨丝与灯中所填充气体的接触面积，从而减少由热传导所引起的热损失。灯丝的形状和尺寸对于灯的寿命、光效和光利用率都有直接的影响，采用双重螺旋灯丝的白炽灯，具有更高的光效。

芯柱由铅玻璃制成，选用铅玻璃是因为它有很好的绝缘性，且可以很好地与电导丝进行真空气密封接。导线由内导线、杜美丝和外导线三部分组成。内导线用以导电和固定灯丝，用铜丝或镀镍铁丝制作；中间一段很短的红色金属丝为杜美丝，它与玻璃密切结合而不漏气；外导线是铜丝，用于连接灯头以通电。

泡壳将灯丝包围于其中，使灯丝与外界的空气隔绝，避免因氧化而烧毁。泡壳通常采用钠钙玻璃，大功率灯用耐热性能好的硼硅酸盐玻璃。除普通明泡以外，还根据不同的应用情况，对泡壳进行一定处理，制成具有不同光效果和色彩的光源。

为了减少灯丝的蒸发，以提高灯丝的工作温度和光效，必须在灯泡中充入合适的惰性气体，如氩氮混合气、氪气等。

灯头是白炽灯电连接和机械连接部分。按形式和用途主要可分为螺口式灯头、插口式灯头、聚焦灯头和各种特种灯头。

2.2.1.2 白炽灯的类型

白炽灯的外形有很多变化，各生产厂家都有不同的款式，图2-1是几种常见的白炽灯。按照白炽灯的结构差别，白炽灯通常可分为三类。

（1）GLS灯（General Lighting Service Lamps）

图2-1 常见的白炽灯

GLS灯是一般照明用白炽灯的简称，它是用量最大的白炽灯产品。灯的泡壳既有明泡，又有磨砂或乳白之分。灯的功率范围为15～2000W，主要集中在25～200W区域内。灯泡除传统梨形外，还有其他各种形状，如蘑菇形、蜡烛形等。

（2）反射型白炽灯

根据泡壳的加工方法，反射型白炽灯可分为吹制泡壳反射型白炽灯和压制泡壳反射型白炽灯两类，通常采用抛物面形状的反射镜面。根据反射光束形状的要求，吹制泡壳反射型白炽灯泡壳的反射部分被设计成特定的形状，反射面是由真空蒸镀的铝层形成，泡壳的运光部分可以是透明的，也可以是经磨砂处理或覆盖以漫射性质的白色涂层。压制泡壳型反射白炽灯其抛物形反射玻璃和前面的玻璃透镜面都是压制成型的。一般以真空蒸镀铝作为反射材料覆于玻璃反射面内表面，将灯丝置于反射镜焦点上。因灯内充有惰性气体，所以在灯的有效寿命期内，镀铝层始终能保持良好的反射性能。这种灯现在常称为白炽PAR灯，意为镀铝的抛物反射型。PAR灯有聚光型和泛光型两大类，光束角为5°～60°。PAR灯的前透镜也可以是彩色的，常用颜色为红、黄、蓝、绿和琥珀色。由于PAR灯的聚光性强，光利用率高，所以与同功率的白炽灯（包括一般反射型灯）相比照度更高。

（3）其他白炽灯

白炽灯还有多种管状形式的，其中常见到的是灯丝管。

2.2.1.3 白炽灯的工作特性

（1）色表和显色性

普通白炽灯的色温约为2800K。与6000K的太阳光相比，白炽灯的光色偏黄，具有温暖感。在人造光源中白炽灯的显色性是最好的，一般显色指数 R_a 为99。

（2）灯的开关

由于钨有正的电阻特性，工作温度时的电阻远大于冷态（20℃）时的电阻，所以白炽灯启动的瞬间灯的电流很大。一般白炽灯灯丝的热电阻是冷电阻的12～16倍。因此，当使用大批量白炽灯时，灯应分批启动。

（3）调光

普通白炽灯可以进行调光。调光灯的灯丝工作温度降低，从而使灯的色温也降低，灯的光效降低，但寿命延长。

（4）电源电压变化的影响

通常的GLS灯的寿命在1000h左右，长寿型的可达1500h；PAR灯的寿命通常在2000h。当电源电压变化时，白炽灯的工作特性要发生变化。例如，当电源电压升高时，灯的工作电流和功率增大，灯丝工作温度升高，光效和光通量增加，寿命缩短。

2.2.1.4 白炽灯的应用范围

根据白炽灯的特点，它具有以下应用：因光色宜人，可创造轻松、亲切、温暖的室内气氛，适用于饭店、客房、住宅、餐厅照明；因功率小、体积小、无附件、易于控光，可作艺术照明和装饰照明；因便于调光，适用于舞台、舞厅、俱乐部、饭店、餐厅等需要调光的场所；因寿命不受开关影响，适用于需频繁开关灯的场所，如走廊、楼梯间、厕所、工作台、车间局部照明等；因显色性好，所以适用于商店、医院（临床诊断场所）、餐厅及进行彩色印刷、调色、绘画、印染等显色性要求较高的场所；因可瞬时点燃而适用于应急照明；因连续供光，适用于频闪影响视觉效果的场所。

2.2.2 卤钨灯

填充气体内含有部分卤族元素或卤化物的充气白炽灯，称为卤钨灯。

2.2.2.1 卤钨灯的工作原理

卤钨灯是在灯管内充入卤族元素，在适当的

温度条件下，从灯丝蒸发出来的钨在泡壁区域内与卤素反应，形成挥发性的卤钨化合物。由于泡壁温度足够高（250℃），卤钨化合物呈气态，当卤钨化合物扩散到较热的灯丝周围区域时又分解成卤素和钨，释放出来的钨部分回到灯丝上，而卤素则继续参与循环过程。卤族元素的参与消除了灯泡黑化，延缓了钨的蒸发，同时提高了光效，延长了使用寿命。

氟、氯、溴、碘各种卤素都能产生钨的再生循环，其中以溴钨灯和碘钨灯为主。

2.2.2.2 卤钨灯的类型

就形式来说，卤钨灯有很多类型（图2-2）。通常可以根据其工作电压进行分类。

图2-2 常见的卤钨灯

（1）市电型

市电型的卤钨灯直接在市电的电压下工作。这种卤钨灯有双端、单端和双泡壳之分。

双端卤钨灯呈管状，功率为100～2000W，灯管直径为8～10mm，长为80～330mm，两端采用瓷接头，需要时可在瓷管内安装保险丝。此类光源主要用于室内外的泛光照明和一般照明。单端卤钨灯功率有70W、100W、150W、250W等多种规格。灯的泡壳有磨砂型的，也有明泡型的。磨砂型能产生柔和的光，明泡型可用于橱窗或展示照明等需要控制光束的场合。作为一般照明之用，可将小型卤钨灯装在灯头为E26/E27的外泡壳内，做成双泡壳的卤钨灯，这种灯可用在原有灯具上代替普通白炽灯。还可以将卤钨灯封入抛物反射面壳内做成卤钨PAR灯，该灯的效率比普通PAR灯更高，可节电40%左右。

（2）低电压型

MR型卤钨灯即常说的灯杯，是低电压型卤钨灯的代表。它由灯泡和反射镜封在一起构成。抛物面是由玻璃压制而成，内表面涂有多层介质膜，此类介质膜可反射可见光而透射红外线。因此，卤钨灯的可见光被反射到需要照明的物体上，而所发射的红外线绝大部分透过反射镜被滤掉了。因而MR型卤钨灯又俗称为冷光束卤钨灯。根据不同场合的需要，MR灯有宽、中、窄三种光束型号。MR灯工作在低电压（6V/12V/24V）下，功率为10～75W。MR灯在室内照明，尤其是在商店照明上有着广泛的应用。

2.2.2.3 卤钨灯的工作特性

（1）光效

卤钨灯的特点之一是光效高，其光效要比普通白炽灯高出约1倍左右。在卤钨灯中，由于卤钨循环有效地消除了灯泡壳发黑，卤钨灯在寿命期内的光维持率几乎达到100%。

（2）色表和显色性

一般照明用的卤钨灯的色温为2800～3200K，且与普通白炽灯相比，光色更白一些，色调也稍冷一些。卤钨灯的显色性非常好，一般显色指数R_a为99。

（3）调光性能

卤钨灯也能进行调光。对于低电压卤钨灯，

可选用常规的电感变压器，但调光范围会受到限制。若选用电子变压器，调光的范围可以扩大，并且具有过热保护、过载保护、短路保护和瞬间浪涌电压冲击保护等多种特性，能有效延长光源的寿命。

2.2.2.4 卤钨灯的应用范围

市电型卤钨灯适合于长距离照明，主要用于室内外的泛光照明和一般照明，以及舞台、橱窗、展厅等需要控制光束的场合。低压型卤钨灯有以下应用：用于博物馆、纪念馆的展品照明；用于商店贵重物品、工艺品的展示照明；用于商场和百货公司橱窗、柜台、货架的定向照明；用于饭店、宾馆等处走廊、电梯照明；用于住宅室内装饰照明；用于检验物品时高显色、高照明度照明等。

2.2.3 荧光灯

主要通过放电产生的紫外辐射激发荧光粉而发光的放电灯，称为荧光灯。

2.2.3.1 荧光灯的工作原理

荧光灯分传统型荧光灯和无极荧光灯。传统型荧光灯即低压汞灯，是利用低气压的汞蒸汽在放电过程中辐射紫外线，从而使荧光粉发出可见光的原理发光，因此它属于低压弧光放电光源。灯管两端各封有一个电极，泡内包含有低气压汞蒸汽和少量的惰性气体。灯管的内表面涂有荧光粉层，灯内的低气压汞蒸汽放电将60%左右的输入电能转变为波长为253.7nm紫外辐射，紫外辐射照射到管内壁的荧光粉涂层上，紫外线的能量被荧光材料所吸收，其中一部分转变成可见光并释放出来。无极荧光灯即无极灯，与传统荧光灯不同，它没有灯丝和电极，是利用电磁耦合的原理使汞原子从原始状态激发成激发态，其发光原理

和传统荧光灯相似，是现今最新型的节能光源。

2.2.3.2 荧光灯的主要类型

荧光灯有很多分类方式，例如，按色温可分为：暖色调系列（色温<3300K）、中间色调系列（色温介于3300～5000K之间）和冷色调系列（色温>5000K）；按形状可分为直管型荧光灯、环型荧光灯、紧凑型荧光灯（图2-3）。下面主要按形状分类作以介绍。

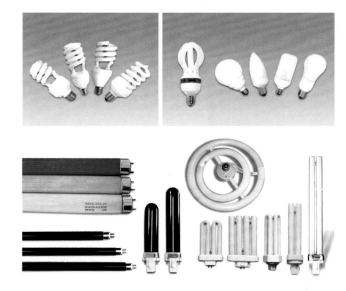

图2-3　常见的荧光灯

（1）直管型荧光灯

直管型荧光灯按其启动方式有预热启动式、快速启动式和瞬时启动式之分。

目前，预热启动式荧光灯的用量最大，至少在电源电压为220V/240V的国家和地区中是如此。这种灯需要采用电极预热电路，电路中有一个辉光放电启动器或电子启动器。

根据灯管的直径，预热式荧光灯主要有T12（直径38.1mm）、T10（直径31.8mm）、T8（直径25.4mm）、T5（直径16mm）、T4（直径12.7mm）、T3.5（直径11.1mm）、T2（直径6.4mm）等几种。随着管径的变细，荧光灯的发光效率也越高。目前来说，T8、T5、T4灯

管是常用灯管。其中，T5、T4全部采用电子镇流器，且因其管径细，同时又采用了微型支架，使其总体截面尺寸减小，因而便于隐蔽，所以被广泛用于反光灯槽、发光顶棚中作为光源。常用T5灯管的功率为8～35W，相应的灯管长度为310～1475mm；常用T4灯管的功率为8～28W，相应的灯管长度为341～1172mm。

快速启动荧光灯用在没有单独启动器的电路中，为了保证灯的可靠启动，采用硅外涂层或外部导电带。导电带通过1MΩ的电阻连接到一个电极上，这样可以防止触电。

瞬时启动的荧光灯电极设计得特别结实。这种灯常采用一些辅助的手段来帮助启动，最常用的是辅助电极。由于这种灯几乎是开关一合上就立即启动，因而被称为"瞬时启动"。

（2）环型荧光灯

与直管型荧光灯相比，环型荧光灯只是在形状上有所差别，在原理、性能等方面没有多大差别。环型荧光灯的常见功率有22W、32W、40W等。

（3）紧凑型荧光灯

此类荧光灯的灯管、镇流器和灯头紧密地联成一体（镇流器放在灯头内），故被称为"紧凑型"荧光灯。由于无须外加镇流器，驱动电路也在镇流器内，故这种荧光灯也是自镇流荧光灯和内启动荧光灯。大部分紧凑型荧光灯都采用三基色荧光粉。三基色荧光粉的量子效应为0.95，而普通卤磷酸钙粉荧光灯的量子效应为0.74，远不及三基色荧光粉。三基色荧光灯光效高，节能效果显著。这种荧光灯光衰小、性能稳定，而且灯管管径仅10mm，体积小、结构紧凑。它的功率小，相对亮度高，比白炽灯节能75%～85%，目前已基本取代40～100W的白炽灯。紧凑型荧光灯也比普通荧光灯亮度高。在灯下识别相同的对象时，若白色荧光灯需要"1"，三基色荧光灯只需"0.7"。稀土三基色荧光灯显色指数R_a为85，有不同色温，分为2700K（灯泡色）、3200K（暖白色）、5000K（标准色）、6400K（昼光白色）。

目前我国生产的紧凑型荧光灯有SL灯（双U形，有13W、18W两种规格）、PL灯（H形，有7W、9W、11W、13W、18W、24W、36W七种规格）、ZD形灯（有10W、16W、28W三种规格）。

2.2.3.3 荧光灯的工作特性

（1）光效

随着采用的荧光粉和管径的粗细、长短不同，荧光灯的光效也不同。一般采用卤磷酸盐荧光粉的T8荧光灯的光效为60～80lm/W；采用了三基色荧光粉的荧光灯的光效则提高约10%；采用多谱宽带荧光粉，显色性提高，光效却降低约20%。但是，一般的T5荧光灯的光效为85～105lm/W，比一般的T8荧光灯显著提高，更加节能。

荧光灯自身的光效除由采用的荧光粉所决定外，还与另外两个因素，即环境温度和电源频率有密切关系。在静止的空气环境中，当环境温度为25℃时，40W荧光灯的光输出量大；当环境温度升高或降低时，灯的光输出都会减少。配用电感镇流器的荧光灯的频率为50Hz，随频率的升高，荧光灯的光效会提高；当配用工作频率在几十千赫兹的电子镇流器时，荧光灯的光效增加10%左右。

（2）荧光灯的颜色特性

一般照明用的荧光灯，根据颜色主要分为四种：暖白色、白色、冷白色和日光色。而根据需要可调整荧光粉的种类，从而产生具有不同的色表、显色性和光效的荧光灯，适用范围更加广阔。

（3）光输出维持特性

一般的T8管荧光灯的寿命在10000h左右。

在荧光灯的寿命期内，光通量逐渐下降，一般在点燃8000h后，灯的光通量下降到初始值的70%～80%。光通量下降的主要原因是荧光粉的效率逐渐降低，如果荧光灯是采用几种荧光粉的混合物的话，与新的灯相比有时会发现点燃后灯的光色变了；光通量降低的另一个原因是由于电子发射材料的沉积，使灯管管壁（尤其是灯管两端）发黑，影响了光输出。

2.2.3.4 荧光灯的应用范围

根据荧光灯特点及工作特性，荧光灯有以下应用：适用于精细视觉工作场所、长时间连续工作的场所以及办公楼、教室、医院、商店、设计室、制图室、阅览室、住宅等场所；适用于住宅、饭店、旅馆、博物馆与商店照明，并广泛用于各类建筑的走廊；日光色荧光灯适用于无天然采光场所的照明，如主控室照明、地铁车站照明等。

2.2.4 金属卤化物灯

在放电管内添加金属卤化物，使金属原子或分子参与放电而发出可见光的放电灯，称为金属卤化物灯。

2.2.4.1 金属卤化物灯的工作原理

金属卤化物灯的电弧管内充有汞、惰性气体和一种以上的金属卤化物。金属卤化物可以大大提高所需要金属的蒸汽压，防止活泼金属对石英电弧管的侵蚀。工作时，卤化物从管壁上蒸发，当金属卤化物的蒸汽扩散到电弧弧心时，在高温作用下分解成金属原子和卤素原子，金属原子辐射出所需要的光谱；当金属和卤素原子扩散到电弧外围的管壁区域时，两者又复合成金属卤化物，然后再参与循环，这样的循环过程在灯中不断重复进行。

金属卤化物灯的光谱主要是由添加的金属辐射的光谱所决定，汞的辐射谱线的贡献很小。根据

辐射光谱的特性，金属卤化物灯可以分成四大类：

（1）选择几种发出强线光谱的金属卤化物，将它们加在一起，得到白色的光源，如钠-铊-铟灯。

（2）利用在可见光区能发射大量密集线光谱的稀土金属，得到类似日光的白光，如镝灯。

（3）利用超高气压的金属蒸汽放电或分子发光产生连续辐射，获得白色的光，超高压铟灯和锡灯属于这一类。

（4）利用具有很强的近乎单色辐射的金属，产生色纯度很高的光。如铊灯产生绿光，铟灯产生蓝光。

2.2.4.2 金属卤化物灯的主要类型

按结构形式，金属卤化物灯可以分为单泡壳双端型、双泡壳双端型、双泡壳单端型和陶瓷电弧管金属卤化物灯等几种（图2-4）。

图2-4 常见的金属卤化物灯

（1）单泡壳双端型

此类灯的电弧管近乎球形，内充稀土金属（镝、钬、铥）卤化物，灯的光色接近日光色。前者的色温为5600K，R_a为92，光效为83 lm/W；后者的色温为6000K，R_a为93，光效为100 lm/W。平均寿命为3000～4000h。

（2）双泡壳双端型

此类灯的电弧管被封在一个直管状的石英玻璃外壳中，外壳抽成真空，灯的电弧管内填充镝、铥等稀土金属卤化物。根据色温，它们又可以分成两类，一类色温为4200K，显色指数R_a为80～85；另一类色温为3000K，显色指数R_a为75。

（3）双泡壳单端型

它们是一般照明最常用的金属卤化物灯，其外壳又有管状透明外壳和涂荧光粉椭球形外壳之分。在管状透明外壳金属卤化物灯中，当电弧管中填充稀土金属卤化物时，70W和150W两种灯的色温为4000K，显色指数R_a分别为80和85，是室内展示和重点照明的理想光源；当充入钠、铊、铟金属卤化物的钠-铊-铟灯有从250W到2000W的多种规格，其色温为4500K，显色指数R_a为65，主要用于室外照明；当充入钪、钠金属卤化物的钪-钠灯的色温为4000K，显色指数R_a为60，室内、室外照明均可使用。在涂荧光粉的椭球形外壳金属卤化物灯中，电弧管内充入钠、铊、铟卤化物的钠-铊-铟灯，功率为250W和400W，灯的色温为4300K，显色指数R_a为68。此类光源主要用于室外照明和大面积的室内照明。

（4）陶瓷电弧管金属卤化物灯

这是采用半透明陶瓷作为电弧管的金属卤化物灯（CDM），是一种将石英金属卤化物灯和钠灯的陶瓷技术结合在一起，集两者的优点于一身的照明新光源。

由于陶瓷管能耐更高温度，化学性质极其稳定，因而做成的金属卤化物灯不仅光效更高、光色更好，而且颜色稳定、灯的寿命更长。

现在陶瓷金属卤化物灯有35W、70W、150W、250W等多种规格，其结构也多种多样。有采用管状外泡壳，单端或双端灯头的；也有采用反射型的外壳，做成PAR灯的。

2.2.4.3 金属卤化物灯的工作特性

（1）光效

金属卤化物灯的发光效率高，通常为70～100 lm/W。

（2）色表和显色性

金属卤化物灯显色指数好，其显色指数R_a为60～93。

（3）易受外界影响

金属卤化物灯对电源电压的波动更为敏感，电源电压在额定值上下变化大于10%时就会造成灯颜色的变化，尤其对钠-铊-铟灯和钪-钠灯，电源电压太高还会缩短灯的寿命。镇流器感抗的宽容度也很重要，灯泡必须工作在规定的上、下功率限的范围内，这时灯的性能才能符合要求。金属卤化物灯的颜色特性在很大程度上取决于电弧管的冷端温度，而冷端温度又与灯的工作位置有关。不同的工作位置不仅会造成灯的颜色的差异，还会对灯的寿命产生影响。

2.2.4.4 金属卤化物灯的应用范围

根据金属卤化物灯的特点，其有以下应用：适用于体育馆、展览馆、商场、工厂车间等室内照明，也可用于街道、停车场、体育场、车站、码头、工地等户外大面积照明，目前还广泛用于夜景照明。

2.2.5 发光二极管

发光二极管（LED，即Light Emitting

Diode）是一种能够将电能转化为可见光的半导体，采用电场发光。

2.2.5.1 LED的工作原理

LED的基本结构是将一块电致发光的半导体材料，置于一个有引线的架子上，用环氧树脂将四周密封起来，起到保护内部芯线的作用。LED的核心部分是由P型半导体和N型半导体组成的晶片，在P型半导体和N型半导体之间有一个过渡层，称为PN结。在某些半导体材料的PN结中，注入的少数载流子与多数载流子复合时会把多余的能量以光的形式释放出来，从而把电能直接转换为光能。LED便是利用这种注入式电致发光原理制成的。当LED处于正向工作状态时，电流从其阳极流向阴极，半导体晶体便会发出从紫外到红外不同颜色的光线。

2.2.5.2 LED的主要类型

LED光源可利用红、绿、篮三基色原理，在计算机技术控制下使三种颜色具有256级灰度，并任意混合，即可产生256×256×256 = 16777216种颜色，形成不同光色的组合，变化多端，实现丰富多彩的动态变化效果及各种图像。

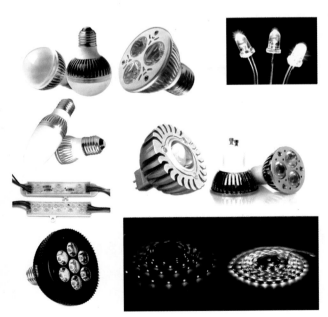

图2-5 常见的LED

加之其具有更多优点，所以应用前景广阔。LED的分类方法很多，种类非常繁杂。在现代技术的支持下，LED的形态已经发生很大发展，彻底打破了人们对它的传统认识，而从其形态的认识更有利于实际照明应用（图2-5）。

2.2.5.3 LED的工作特性

LED具有以下工作特性：

（1）寿命长。LED的使用寿命可以长达100kh，传统的光源在这方面无法与之相比。

（2）响应时间短。气体放电光源从启动至光辐射稳定输出，需要几十秒至几十分钟的时间，热辐射光源启动后电压有约零点几秒的上升时间，而LED的响应时间只有几十纳秒。因此在一些需要快速响应或高速运动的场合，应用LED作为光源是很合适的。

（3）结构牢固。LED是用环氧树脂封装的半导体发光的固体光源，其结构中不包含玻璃、灯丝等易损部件，是一种实心的全固体结构，因此能够经受得住震动、冲击而不致引起损坏。

（4）功耗低。LED的能耗较小，是一种节能光源。目前白光LED的光效可达60 lm/W，超过了普通白炽灯的水平，而且其技术现在发展很快。

（5）颜色丰富。LED方便地通过化学修饰方法，调整材料的能带结构和禁带宽度，实现红、黄、绿、蓝、橙多色发光。红光管工作电压较小，颜色不同的LED的工作电压依次升高。

2.2.5.4 LED的应用范围

随着LED技术的提高，其形式和安装方式已经与传统光源没有区别，而因其具有良好的性能，基本可以与其他光源相媲美，在室内照明设计中有广阔的适用空间，例如工厂、商场、展厅、宾馆、酒店、夜总会、舞厅、医院、学校、家居等绝大部分室内空间，尤其适合用于重点照明和装饰照明。

2.3 光源形式的美感体验

2.3.1 点光源的空间确定性

从几何学角度讲，点是一种看不见的实体。而就室内设计来讲，凡相对于整体空间和背景比较小的形体均可视之为点。因而，点光源即指体量相对较小的单体灯具所提供的光源，例如各种直径的筒灯、射灯、吸顶灯等，都是常用的点光源灯具，或直接称为点光源。在室内照明设计中，点光源的应用最为普遍。

点光源是一种空间确定性很强的光源形式，具有明确、稳定的特点。这是因为，尽管在应用中大部分点光源可以为我们在视平线范围内提供近乎均匀的光线，但其光线却是来源于一个个"点"，而这些"点"在承载它的界面中显现出明确的方位性，从而可以增添空间的端庄、稳定之感；而在一定区域内，某个照度相对较高的点光源的存在，可以使局部空间亮度高于周围亮度，使局部空间醒目、明确（图2-6）。

图2-7 具有秩序感的点光源布置

点光源的应用总是遵循一定的组织形式，实现着不同的照明效果，同时也体现着各异的美感特征。大跨度散布的点光源，会使特定区域与一般区域之间形成亮度分布差别，明确特定区域的空间方位，同时形成空间照度的节奏感。而规则排列的点光源不仅能给空间提供均匀的照度，同时也给其承载界面增添了构成上的秩序感和韵律感（图2-7）。

2.3.2 线光源的流动之美

线在几何学角度中被看做是点运动的轨迹，因而线本身就具有一定的运动感和方向性。线光源主要是指各种线形灯具、反射距离较小的反光灯槽等发光面较窄的照明工具所透射出的连续光源。除了部分反射距离较大的反光灯槽之外，其他形式的线光源因光通量（或有效光通量）较小，而主要起到装饰作用。

图2-6 具有明确感的点光源的应用

图2-8 具有优美感的线光源应用

线光源保持着"线"的特性，具有延展感，体现着流动之美。尤其是在采用弧线形或存在多个方向转折时，线光源犹如潺潺涧水，轻柔优美之感更强（图2-8）。

图2-9 具有视觉延伸感的线光源应用

图2-10 点光源布置的"线"感体验

在综合性空间中，线光源的使用起到组织和联络空间的作用，其将相邻功能空间进行串联、贯通，使空间的衔接更显紧密且自然。也正是因为线光源具有联络空间的作用，所以其能够引导视线的拓展，扩大视野范围（图2-9）。

以线的形式有序排列的点光源的集合也具有线的感觉，合理的组织同样体现着线光源的流畅、优美之感（图2-10）。

2.3.3 面光源的平静之美

面光源是指通过较大面积的滤光罩面透射光线的光源，面光源具有均匀、柔和的特点，是理想的照明手段。

面光源在顶界面使用时，初衷大多只为提供柔和的光照，通常在亮度分布均匀度要求较高的空间使用，或被用于作业空间操作区域的照明。但尽管不是为了过多地追求装饰效果，面光源的使用却在有意无意间塑造了一种更容易让人亲近的安

图2-11 面光源在顶界面的应用

图2-13 反光灯槽退韵的面光源效果

静、祥和的气氛，有心扉敞开、宽容纳人之感（图2-11）。在用作局部照明时，由于面光源具有特殊的光效，所以很容易成为视觉中心，有助于空间组织的体现。墙界面和地面使用面光源的情况，更多地是为了追求视觉的引导和空间的艺术效果。例如，地面采用面光源后，形成发光地面，犹如一汪明净的湖水，同时明确了特定空间的区域性，产生对受用者的行为引导（图2-12）。

有些反光灯槽的发光面较宽，一定程度上也具有面光源的特点。尽管此类照明因属于间接照明而散失了部分光，但其与经过滤光处理的面光源一样柔和，并随着光强的逐渐衰减，形成退韵的光感效果，产生幽淡的感觉（图2-13）。

2.4 光源色彩的情感特征

不同色温的光源呈现出不同的色彩，造就了缤纷的光色世界。人们对光色的观察，总是冠以一定的感情成分，这实际上是色彩与人的心理产生共鸣的结果。为此，照明设计应把握光源色彩对人情感的影响，根据不同的空间功能要求，选择适宜色彩的光源。

2.4.1 纯净清爽的白色光源

色温为4500～7500K的光呈现出近似白色的效果，因为这一区段的部分光色接近日光，所以俗称自然光。适宜照度的白色光不仅明净、舒

图2-12 面光源在地面中的应用

畅，而且给人一种清爽、轻松的感觉，是最为常用的照明光源。

白色光源多作为一般照明光源使用，通常可用于文教空间、商业空间、展示空间的绝大多数区域，以及旅游空间的一般性公共空间。明净的白色光能够保证良好的视线，使空间显得更加开阔，令人的心情放松而充满活力，以此更好地实现空间的功能价值（图2-14）。白色光源自然、清爽的特点非常适合用于对当代生活节奏的调节，而且其与当代公共建筑室内装饰装修采用的主流材料具有共同的情感特征，白色光环境下，金属材质更显犀利，石材更显爽朗、刚毅（图2-15）。

图2-15　白色光环境下瓷砖与不锈钢更显犀利、刚毅

图2-14　白色光的轻松、明快之感

2.4.2 温馨恬静的暖色光源

这里所讲的"暖色"特指常规使用中惯称的暖色光源，即色温在3000K左右的黄白色光源。黄白色光源的光线柔和、温暖，具有温馨、恬静的气质，在作为一般性照明光源使用时，多用于旅游空

图2-16　暖色光的温馨、恬静之美

间和部分商业空间，体现着温情和高雅。当适度偏暖的光源应用于适宜的空间中时，能够体现出特殊的情调（图2-16）。黄白色光源因为光色偏黄，所以相对昏暗一点，当照度过低时，容易造成人心理的郁闷感，使人产生焦躁情绪。因而在使用中应根据不同的视场要求，选择适度的照度水平，把握好塑造温馨气氛的合理照度尺度。尤其是用作重点照明时，更要适当提高照度，凸显效果。例如，明亮的暖白色光源可以令餐桌上的菜品富有光泽、更

显鲜嫩，提高了菜品的观感效果，调动了受用者的食欲（图2-17）。

2.4.3 情感丰富的彩色光源

除了白光、黄白光之外，随着色温的升高和降低，光源色呈现出不同的色彩倾向。尽管这些彩色光源显色性很差，不能满足正常的照明需求，但它们具备色彩的特性，是特定功能空间不

图2-17 餐桌上方暖白色光的应用

图2-18 蓝色光的应用

可或缺的氛围营造手段。

　　彩色光源通常不作为主照明之用，而且其使用环境大多采用照度较低的主光源，因而更能显现出彩色光源特有的情感特征。例如，粉色光环境充满浪漫与温情，将人引领到梦幻世界，使人感觉轻松而又略有心潮涌动之感，是情侣约会场所理想的装点光源色。紫色光环境弥漫着高贵、幽静，而又略带几分神秘，可以为咖啡厅、酒吧等休闲空间增添高雅之感和宁静的气息，当然也可以为追求浪漫的中年人卧室注入些许情调。蓝色光源宁静、清凉，透射着丝丝爽朗和冷峻的气质，是制造理性氛围的绝佳光源（图2-18）。红色光源热烈、奔放，是调动情绪的理想光源色彩（图2-19）。

图2-19 红色光的应用

延伸阅读：

1.（英）J.R.柯顿、（英）A.M.马斯登，《光源与照明》（第四版），陈大华等译，复旦大学出版社，2000年出版。

2.孙建民，《电气照明技术》，中国建筑工业出版，1998年6月出版。

3.李恭慰，《建筑照明设计手册》，中国建筑工业出版，2004年3月出版。

思考题：

1.试结合生活中的室内场景，分析大面积面光源应用存在的缺点。

2.试根据色彩知识及生活常识对不同色彩光环境的氛围进行拓展想象。

第3章 室内照明灯具

从根本上讲，灯具是一种产生、控制和分配光的器件。但是，随着经济的发展和人们消费意识与审美意识的提高，灯具的功能已悄然改变，它不再是仅为满足室内照明需求而存在，其很大程度上已经成为一种增强室内空间艺术审美的要素。因此，对灯具应该从照明功能和艺术审美价值的双重角度去了解。

3.1 灯具的特性

灯具的特性通常以配光、亮度分布与保护角、灯具效率三项指标来表述。

3.1.1 配光

光源或照明器在空间各个方向对发光强度的分布称为配光。若将光强用矢量表示，并将各矢量的端点连接成曲线，此曲线便称为配光曲线。配光曲线一般有三种表示方法：一是极坐标法，二是直角坐标法，三是等光强曲线。

3.1.1.1 极坐标配光曲线

以极坐标为测光平面，测出灯具在不同角度的光强值，将各个角度的光强用矢量标注出来，

连接矢量顶端的连线便是灯具配光的极坐标曲线。对于有旋转对称轴的灯具，在与轴线垂直的平面上各方向的光强值相等，因此只用通过轴线的一个测光面上的光强分布曲线就能说明其光强在空间的分布，如图3-1所示。如果灯具在空间的光分布是不对称的（如管形卤钨灯），则需要用若干测光平面的光强分布曲线来说明其光强的空间分布。

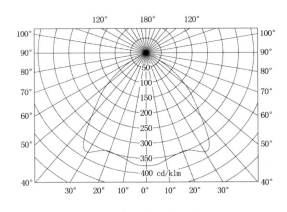

图3-1 极坐标配光曲线

3.1.1.2 直角坐标配光曲线

对于聚光型灯具来说，其光束集中于狭小的立体角内，用极坐标难以清楚表达其光强的空间分布情况，因而可以用直角坐标来表示其配光曲线。直角坐标配光曲线是以纵轴表示光强I_θ，以

横轴表示光束的投射角θ，如图3-2所示。

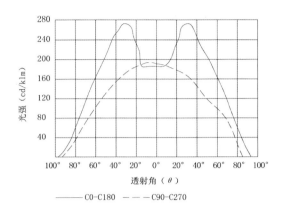

图3-2 直角坐标配光曲线

3.1.1.3 等光强曲线

不对称配光的灯具需要用许多平面上的配光曲线才能表示它的光强的空间分布，既不方便，也不能反映各平面间的联系，此时可采用等光强曲线图表示法。等光强曲线图即将光强相同的矢量顶端连接起来形成等光强曲线，同时将相邻等光强曲线值按一定比例排列，绘制成由一系列等光强曲线组成的等光强图。常用的图有圆形网图、矩形网图和正弧网图。

3.1.2 亮度分布和保护角

灯具表面亮度分布及遮光角直接影响到眩光。

灯具在不同方向上的平均亮度值，特别是 $\gamma = 45° \sim 85°$ 范围内的亮度值，应由制造厂测试后提供给用户。若没有亮度分布测试数据值，则可通过其光强分布，利用下述的方法求得灯具在γ角方向的平均亮度，即

$$L\gamma = I\gamma / A\gamma$$

式中，$L\gamma$ 为灯具在γ角方向上的发光强度，单位为cd；$A\gamma$ 为灯具发光面在γ方向的投影面积，单位为m²。

光源的下端与灯具下缘的连线与水平线之

间的夹角称为保护角（图3-3）。保护角是任意位置的平视观察者眼睛入射角的最小值。保护角的作用是避免光源直接照射到观察者眼中，一般灯具的保护角为 10°～30°，灯具格栅的保护角取决于其格子的宽度与高度的比例，通常在 25°～45° 之间。

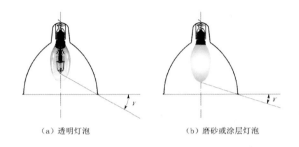

（a）透明灯泡　　（b）磨砂或涂层灯泡

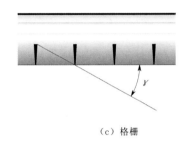

（c）格栅

图3-3 灯具的保护角

3.1.3 灯具效率和利用系数CU

灯具效率是指在相同的使用条件下，灯具发出的总光通量与灯具内所有光源发出的总光通量之比，它是灯具的主要质量指标之一。

光源在灯具内由于灯腔温度较高，所发出的光通量与裸露情况下有所差异，或少或多。同时，光源辐射的光通量经过灯具光学器件的反射和透射必然要引起一些损失，所以灯具效率总是小于1，其值可用下式计算，为

$$\eta = \Phi / \Phi_0 \times 100\%$$

式中，Φ 为灯具出射的光通量，单位为lm；Φ_0 为灯具内光源裸露点燃时投射出的光通量，单位

为lm。

灯具发出的光并不是全部到达工作面上，为人们所利用的。我们将工作面上接收到的光通量与光源总光通量的比值定义为灯具的利用系数，记为CU。

需要注意的是，到达工作面上的光通量既包括灯具的直射光通量，也包括由于相互反射而到达工作面上的光通量。因此，灯具的利用系数既与灯具本身的性能有关，还在很大程度上取决于灯具使用的环境。例如，同样的灯具，在低矮的房间里，利用系数大；在高狭的房间里，利用系数小。若房内天棚和墙面的反射率高，则利用系数也将增大。

3.2 灯具的组成

从严格意义上来讲，它是一个由下列部件组成的完整的照明单元：一个或几个光源，设计用来分配光的光学部件，固定光源并提供电气连接的电气部件（灯座、镇流器等），用于支撑和安装的机械部件。其中，在灯具的设计和应用中，最应强调的是灯具的控光部件，主要由反射器、折射器、遮光器和其他一些附件组成。

3.2.1 反射器

反射器是一个重新分配光源光通量的器件。光源发出的光经反射器反射后，投射到预定的方向去。为了提高效率，反射器由高反射率的材料做成，这些材料有铝、镀铝的玻璃或塑料等。反射器的形式多种多样，例如，球面反射器、柱面反射器、旋转对称反射器、抛物面反射器及组合反射器等不同形式。无论反射器的形式如何变化，其目的都是为了适应各种不同形状的光源和

受照面的照明需要。

3.2.2 折射器

利用光的折射原理将某些透光材料做成灯具元件，用于改变原先光线前进的方向，获得合理的光分布。灯具中经常使用的折射器有棱纹板和透镜两大类。

现在灯具中的棱纹板多数由塑料或亚克力制成，表面花纹图案由三角锥、圆锥以及其他棱镜组成。吸顶灯具通过棱纹板上各棱镜单元的折射作用，能有效地降低灯具在接近水平视角范围的亮度，减少眩光。

3.2.3 漫射器

漫射器的作用是将入射光向许多方向散射出去。这一散射过程可以发生在材料内部，如在白色塑料板中，也可以发生在材料表面，如在磨砂玻璃面上。漫射器可以使从灯具中透射出来的光线均匀漫布开来，并能模糊发光光点，减少眩光。发光顶棚所采用的灯箱片或磨砂玻璃罩就是发挥了折射器的作用。

3.2.4 遮光器

灯具在偏离垂直方向45°～85°范围内投射出的光容易造成眩光，因而应予以控制。当然，最好是在此角度范围内根本看不到灯具中的发光光源。衡量灯具隐蔽光源的性能的依据是灯具的保护角。对于磨砂灯泡或外壳有荧光粉涂层的灯泡，整个灯泡都是发光体；但对透明外壳的灯泡，里面的钨丝或电弧管才是发光体。当视仰角（指水平线和视线之间的夹角）小于灯具保护角

时，看不到直接发光体。因此从防眩的角度看，希望灯具的保护角大。与灯具保护角相关联的是灯具的截光角。顾名思义，灯具在大于截光角的方向上没有光。

通过灯具（光源）自身的设计来增大保护角当然是可能的，但这样往往会使光源的反射器或灯罩变得相当深。还有一种更好的解决方法是通过附加到灯具上的遮光器件，达到增大灯具保护角、减少眩光的目的。

3.3 常用灯具分类

3.3.1 按防触电保护方式分类

为了电气安全，灯具所有带电部分必须采用绝缘材料加以隔离，灯具的这种保护人身安全的措施称为防触电保护。根据防触电保护方法，灯具可分为0、Ⅰ、Ⅱ、Ⅲ四类，每一类灯具都有一定的

性能特点及相应的适用范围，如表3-1所示。

从电气安全角度看，0类灯具的安全程度最低，Ⅰ类、Ⅱ类较高，Ⅲ类最高。有些国家已不允许生产0类灯具，我国目前尚无此规定。在照明设计时，应综合考虑使用场所的环境、操作对象、安装和使用位置等因素，选用合适类别的灯具。在使用条件或使用方法恶劣的场所应使用Ⅲ类灯具，一般情况下可采用Ⅰ类或Ⅱ类灯具。

3.3.2 按光通量分布分类

根据灯具光通量在上、下半个空间的分布比例，国际照明委员会（CIE）推荐将一般室内照明灯具分成五类：直接型灯具、半直接型灯具、全漫射型灯具、半间接型灯具和间接型灯具，不同类型灯具的光通量分布情况见表3-2。灯具光通量分布的差异对照明效果影响很大，是灯具选择时为满足功能要求和追求室内空间氛围所要考虑的重要因素。

表3-1 灯具的防触电保护分类

灯具等级	灯具的主要性能	应用说明
0类	保护依赖基本绝缘，即在易触及的部分及外壳和带电体间绝缘	适用安全程度高的场合，且灯具安装、维护方便。如空气干燥、尘埃少、木地板等条件下的吊灯、吸顶灯等
Ⅰ类	除基本绝缘外，易触及的部分及外壳有接地装置，一旦基本绝缘失效时，不致有危险	用于金属外壳灯具，如投光灯、路灯、庭院灯等，提高安全程度
Ⅱ类	除基本绝缘外，还有补充绝缘，做成双重绝缘或加强绝缘，提高安全性	绝缘性好，安全程度高，适用于环境差、人经常触摸的灯具，如台灯、手提灯等
Ⅲ类	采用特低安全电压（交流有效值<50V），且灯内不会产生高于此值的电压	灯具安全程度高，用于恶劣环境，如机床工作灯、儿童用灯

表3-2 室内照明灯具的类型（按光通量分布划分）

灯具类别		直接型	半直接型	漫射（直接—间接）型	半间接型	间接型
光通量分布（%）	上	0～10	10～40	40～60	60～90	90～100
	下	100～90	90～60	60～40	40～10	10～0

表3-3 直接型照明灯具按最大允许距高比分类

分类名称	距高比L/h	1/2照度角
特窄照型	$L/h<0.5$	$\theta<14°$
窄照型（深照型、集照型）	$0.5\leqslant L/h<0.7$	$14°\leqslant\theta<19°$
中照型	$0.7\leqslant L/h<1.0$	$19°\leqslant\theta<27°$
广照型	$1.0\leqslant L/h<1.5$	$27°\leqslant\theta<37°$
特广照型	$1.5\leqslant L/h$	$37°\leqslant\theta$

3.3.3 按光束角分类

直接型灯具由于光强分布的不同而产生不同的光照效果。对带有反射器的直接型灯具，其光束的宽窄变化范围也很大，有的光束非常集中，可在照射面上形成强烈的明暗对比，有的则在半空间中即散布开来。按光束的宽窄，直接型灯具又可分为特窄照型、窄照型、中照型（扩散型或余弦型）、广照型和特广照型五种，并用它们的最大允许距高比L/h来表示，不同类型直接型照明灯具的距高比详见表3-3。

灯具的最大允许距高比L/h是指灯间距L与灯计算高度h之比值的最大允许值。对一般照明来说，通常要求获得均匀的水平照度，如图3-4所示，当A、B两个灯具下方P点的照度与该两灯之间中点Q的照度相等时，即可满足照度均匀的要求；而灯具的间距L与其悬挂高度h之间的比值即为距高比。

所谓的"1/2照度角"是指：将灯轴垂直于水平面，若灯下水平面上某点的水平照度为灯轴正下方照度的1/2时，则此点与光中心连线和灯轴线所形成的夹角即为1/2照度角。

实际上，当灯具确定之后，1/2照度角就确定了，L/h的值也就确定了。设计时，灯距的确定应以满足使用功能为主，通常需要根据灯具的相关技术资料来确定，对观感效果和节能的考虑应在允许的距高比范围内进行调整。L/h值较小的灯具适用于顶棚较高的房间，L/h值较大的灯具适用于顶棚较低的房间。

目前，世界各国按配光将灯具分类的方法大致相同，只是在由窄到宽的配光阶段划分上稍有差别。我国只按光分布立体角的大小较粗略地将灯具分为广照型（光在较大的立体角内分布）、中照型（光在中等立体角内分布）和深照型（光在较小立体角内分布）三类。

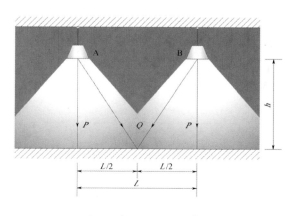

图3-4 灯具安装的距高比

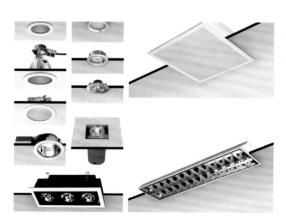

图3-5 常用嵌入式固定灯具实例

图3-6 常用明装固定灯具实例

3.3.4 按安装方式分类

室内照明灯具按照安装方式可分为固定式和可移动灯具两大类，固定式灯具又可分为嵌入式灯具和明装灯具等几类。

嵌入式灯具是指灯体的主要部分隐蔽于承载面之内的灯具，主要包括嵌入式筒灯、嵌入式射灯、斗胆灯、格栅灯、嵌入式地灯等（图3-5）。明装灯具是指灯体全部暴露于承载面之外的灯具，例如，明装筒灯、明装射灯、轨道射灯、吸顶灯、吊灯、壁灯等各种类型的灯具（图3-6）。可移动灯具主要是指台灯和落地灯（图3-7）。

图3-7 常用可移动灯具实例

3.4 灯具的设计美

3.4.1 灯具的一般要求

尽管灯具在现代室内设计中已作为装饰器物存在，但其作为一个基本功能器件而应具备的一些条件或者要求，是灯具应有的首要条件。

3.4.1.1 热辐射的处理

光源可以产生大量的热辐射，若导致灯具内部温度过高，不仅会影响光源的使用寿命，也可以使灯具的材料加速老化，甚至造成漏电、爆炸、火灾等安全问题。所以，对灯具质量评价的首要问题是其热辐射问题的处理。灯具热辐射的处理通常可以采取以下方法：

（1）选用低辐射光源。这是降低灯具温度的最直接办法。

（2）选用隔热或耐热材料。隔热和耐热材料能有效阻止光源辐射热向灯具内部的扩散，从而减少灯具内部的温度。例如，选用石棉等导热性能差的材料来隔绝光源与灯具其他部件，可以有效降低灯具内的温度。

（3）采取有效的散热方法。散热是使灯具内部温度降低的主要手段，可以利用散热片、反射板将光源产生的热辐射折射出去；也可以在灯体上设置通风口，通过内外气体的自然对流降低灯内温度；对于大型或复杂构造的灯具还可以利用排风扇等装置进行主动气循环，加快灯具内热量的散失。

3.4.1.2 灯具强度的把握

灯具的强度是其基本功能实现的基础，首先要求灯具能够承受一定的外力，不至在风力或震荡等适度外力中受到损坏，因而要求灯具的内部结构合理、连接牢固，外部罩面材料具有一定的抗击性，且与骨架结构紧密。对于台灯、落地灯等可移动性灯具还需要重心稳定，以增强抗干扰力。

3.4.1.3 电气安全的注重

电气安全是用电器的一般性要求，关乎使用者的健康甚至生命。灯具电气安全应该注意以下几个方面。

（1）所选用的部件和辅料满足绝缘要求，达到设计的防触电保护等级，同时符合国家规定的相应质量标准和技术要求。

（2）做好带电部位的绝缘处理，防止因其外露而引起触电。

（3）各部件技术参数满足灯具的电流负荷要求。

3.4.2 灯具的材质

灯具是由许多部分共同组成的，对于灯具内部组件材料的选择主要是考虑其热辐射、强度、电气安全等性能，而对于外部材料的选择则要考虑材料的可操作性、灯具的控光效果以及灯具的审美特性等因素。目前，在灯具的设计和制作中常用以下材料。

3.4.2.1 金属材料

（1）钢材

钢材一般是作为照明灯具的主要构造材料来进行使用的，特别是冷轧钢，它的强度和拉伸性能都很好，钢板材经过加工可以塑造各种造型。

表面经过油漆、电镀或抛光处理后，能够得到防腐蚀、反光性能好等特点，并且具有一定装饰性的表面效果。

（2）铝及铝合金

铝材在灯具制造中已经得到了广泛的应用，这取决于它的诸多优点。铝材的材质轻，便于灯具的搬运及安装，也宜于灯具的安全；铝材耐腐蚀，它的耐腐蚀、抗氧化、耐水等性能都比铜、铁突出。铝板的反射率较高，反射热和光的反射率通常约为67%～82%。高纯铝经电解抛光后反射率可达94%，是电解和热的良导体，适用于作高功率、高光输出灯具的散热部件。

为防止反射器的镜面反射造成不良后果，通常需要对用作反射面的抛光铝板进行一定的技术处理，如进行喷砂氧化和涂膜处理，进行拉丝等肌理处理，以形成漫反射，达到均匀反射和限制眩光的效果。

（3）铜及铜合金

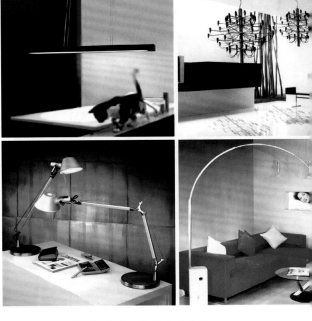

图3-8 金属在灯具中的应用

图3-9 塑料在灯具中的应用

因为铜的导电性能最好，所以在灯具设计中常被用作导电材料。作为表面装饰材料时，经常通过抛光、电镀、腐蚀等方法来制作特殊效果。

（4）不锈钢

不锈钢材是含铬12%以上的铁基合金，是防水、耐腐蚀及反光性能极好的金属材料，并且有特殊的装饰效果，是现代造型灯具经常选用的材料。

金属材料在灯具中的应用见图3-8。

3.4.2.2 塑料材料

塑料材料是以合成树脂为主要成分，结合一定的添加剂，在一定温度下加工而成的材料。塑料的抗腐蚀能力强，强度高、质量轻，具有很好的防水性，同时是良好的绝缘体，可用于电器、灯具的部分零配件。塑料的成本低廉，可塑性强，加工工艺简单，并且具有良好的透光性能，所以在灯具中得到广泛运用。但塑料耐热性能差，所以作为灯具材料要考虑与光源保持一定距离或选用低温光源。

塑料在灯具中的应用见图3-9。

3.4.2.3 玻璃材料

玻璃是无机非结晶体，主要以氧化物的形式构成。玻璃一直以来都在室内装饰中扮演着重要角色。玻璃既可透光，也能反光，是制作灯具的良好材料。经过特殊加工处理后的玻璃具有柔化光线的作用，可以使灯光优美、柔和。玻璃的可塑性强，可以制作成各种形状，适用于不同光效的需要。玻璃在灯具中的使用，可以通过蚀刻加工处理成各种肌理和图案，还可以结合一定的色彩，呈现出美妙、玄奥的效果。尽管普通玻璃具有易破碎的特点，但是经过钢化处理的玻璃刚硬、坚实，具有很高的强度，而且破碎后不会产生锐角，有安全保障。

用于灯具制作的玻璃主要有以下几种：

（1）钙钠玻璃

钙钠玻璃是最普通的玻璃，多以板材形式出现，或用于透明乳白玻璃球型罩的制作，形式有平板、磨砂、压花、钢化等。

（2）铝玻璃

图3-10 玻璃在灯具中的应用

铝玻璃透明度好，折射率高，表面光泽，因放出光辉而很美观，因此可以作装饰材料。

（3）结晶玻璃

结晶玻璃是稍带黄色的玻璃，它的热膨胀系数几乎为零，所以经常用于热冲击度高的场所。

（4）石英玻璃

石英玻璃耐热性和化学耐久性好，可见光、紫外线、红外线的透过率高，多用于特殊照明透光器的前面，如卤化物灯等。

玻璃在灯具中的应用见图3-10。

3.4.2.4 石材

石材在灯具中的应用主要以大理石和玉石为主，通常被用于制作灯罩和灯体。大理石不仅具有美丽的纹理，而且某些大理石还具有很好的透光性，经常被用作灯罩，可以投射出优美的光线，具有很好的装饰效果（图3-11）。但石材由于加工难度较大，因而价格不菲。目前，市场上有仿石材灯具，多为人造树脂合成材料制成。

3.4.2.5 木、竹、藤类材料

木、竹、藤三种材质，质量轻，强度高，材料可塑性较好，且容易进行装饰处理，所以是灯具构架及装饰构件的理想材料。

（1）木材

木材按树种进行分类，一般分为针叶树和阔叶树树材两大类。针叶树树干挺直高大，纹理顺直，材质均匀，质地较软而易于加工，其密度适中，膨胀系数较小，耐腐蚀性强，如松木、柏木、杉木等，常用作灯体结构之用。阔叶树树干通直部分较短，材质硬且重，强度较大，纹理自然、美观，如榆木、榉木、樱桃木、花梨木等，常用作灯具的装饰部件。木材不仅肌理质朴、自然，而且经雕琢、漆饰等加工处理后，具有很好的工艺性。

（2）竹类

常见竹类有毛竹、刚竹、斑竹、桂竹、水竹

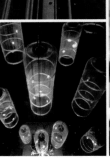

图3-11 大理石在灯具中的应用　　　　　图3-12 竹、藤在灯具中的应用

等种类。竹坚硬、顺直，具有不易变形、抗污性好等特点，适宜用作灯架或工艺灯罩的材质。

（3）藤

藤是一种密实、坚固又轻巧、坚韧的天然材料，具有不怕挤、不怕压、柔韧有弹性等特性。藤经过加工后可以做成灯架、灯罩，具有粗犷、质朴的田园风采。

竹、藤类材料在灯具中的应用见图3-12。

3.4.2.6 纸类材料

随着技术的发展和人们审美意识的改变，纸质灯具开始成为时尚工艺灯具的一个重要部分。纸质灯具的形态各具特色，有的遵循传统概念的灯的形态，有的已经进行了大胆演绎，成为炫目的现代装饰符号（图3-13）。此类灯具的选材有一定的要求，要求纸质具有很好的韧性和一定的刚度，以便于制成各种形态，同时具有一定的耐用性。可塑性强、易于着色、能够形成很好的观感效果是纸质灯具的优点，但必须经过防火处理。

3.4.2.7 其他材料

除上述材质外，灯具的材质还用很多种类，例如皮革、布、纱、绸等。这些材质因为本身具有一定的肌理，另外加以一定的彩绘、印花、刺绣等加工处理后，装饰性方面都有很好的表现，是增添空间艺术氛围的很好的装饰品。但此类材

图3-14 其他材料在灯具中的应用

料只可作为饰面材料使用，所以需要用一定的骨料配合，才可以形成一定的体积感。另外要注意防火的处理和光源的配置。

其他非常用材料在灯具中的应用见图3-14。

3.4.3 灯具形态的审美特性

形态不是"形式"，而是"神"，是事物外在整体面貌所体现的个性和品格。灯具作为一种室内装饰元素，其形态越来越受到重视，可谓形形色色、千姿百态。不论灯具的形态多么丰富，总有一定的造型规律可循，目前常见的灯具基本上可以归结为抽象简约型灯具、现代复合型灯具、传统经典型灯具等几大类。

3.4.3.1 抽象简约型灯具的线性美

抽象简约型灯具主要是指由基本的几何形体或点、线、面等元素组成的形式简洁的灯具。此类灯具充分运用高度抽象和概括的手法，对自然事物、几何形体或其他装饰元素进行演绎，最终形成构造简单、轮廓简练、富含线性美的灯具形态。

灯具设计形态的美感取决于其表现形式对主

图3-13 纸在灯具中的应用

图 3-15　以生物形象为创作元素的简约型灯具

整体形式既体现了生物原型的动态，又保持着灯具重心的稳定，同时也表露着弧线的优美感。图3-16是一组以线、面、体为构成元素的灯具。其灯罩为不规则半球体，采用一条略带弧度的线状灯臂将灯罩与圆形底座相连。该灯具设计简练、大方，体现了弧线的阴柔美和规则与随意的对比美。图3-17中的一组灯具以线和体为设计元素。与前一案例不同的是该组灯具中灯罩的体感更强，灯罩与腿状灯杆及钢丝吊线的纤细形成对比。不同结构体量的悬殊并没有造成灯具的不稳定感，直线形灯杆的刚毅和三角构图更显稳定有力，体现了一种力量的均衡，同时也蕴涵了直线的坚挺感与弧面膨胀感的映衬。

图3-16　简洁、柔美的简约型灯具

题思想诠释的到位程度。就是说，任何一款灯具都有审美追求的侧重点，当灯具的形态表现得当时，观感者就可以获得相应的美感体验，否则，灯具将不具备任何的审美情趣。

图3-15是一组以自然生物形象为设计元素的灯具。设计师以抽象、概括的手法将生物的躯体进行艺术加工，最终以线为设计语言进行表现。

3.4.3.2 现代复合型灯具的构成美

从灯具形态方面讲，现代复合型灯具主要是指由为数甚多的组件或单体结构按一定的序列组成的灯具复合体。现代复合型灯具的构造相对复杂，其特点是将点、线、面、体等

图3-17　刚毅、理性的简约型灯具

图3-18　具有起伏韵律感的复合型灯具

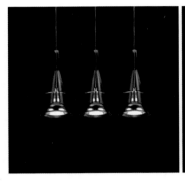 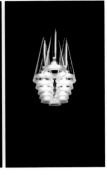

图3-19 具有连续韵律感的复合型灯具

抽象艺术元素，依据形式美法则的相关原理进行
叠加和重构，实现一种构成美的形态体验。

韵律与节奏是复合型灯具的惯用设计手法，
也是评价由单体组成的复合型灯具形式美的依
据。图3-18是一组玻璃吊线式复合型灯具，其等
比错落的灯头产生一种优美的起伏韵律，既有上
升之势，又有洒落之感，轻盈而生动。此形式的
灯具用于楼梯处，可以与楼梯的迭起相互映衬；
用于一般空间则又可以增加空间的高度感。图
3-19中的灯具则体现了一种连续的韵律，形成平
静而稳定之感。

由组件的重复组成的复合型灯具有很多组织

 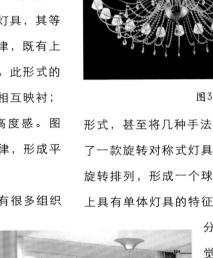

图3-21 欧式新古典主义灯具

形式，甚至将几种手法结合使用。图3-20中展示
了一款旋转对称式灯具，其由许多"叶片"分层
旋转排列，形成一个球状形体。这种灯具在形式
上具有单体灯具的特征，在构成上却是一个由部
分到整体的复合形态，视
觉上既具有安定、均匀之感
和球体的完美感，又具有组
件方向变化的自然、协调
感。

3.4.3.3 新古典主义灯具的古朴美

新古典主义灯具是以
传统灯具形态的审美特征为
主体，融汇了现代审美情趣
的古今艺术相结合的灯具形
式。此类灯具既富含了传统
灯具的韵味，又体现了现代
设计理念，是现代设计美学

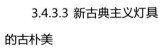

图3-20 具有旋转对称美的复合型灯具

图3-22 中式新古典主义灯具

对传统艺术的全新诠释。

就欧式古典灯具来说，它对旋转对称、组件的粗细对比、点线运用等造型手法把握到了极致，是新古典主义灯具的造型基础。图3-21中的几款灯具均沿用了欧式传统灯具的形态特征，并进一步从现代审美角度进行演绎，而现代工艺和材质的运用更赋予灯具现代美，体现了时代文化。

与传统灯具相比，中式新古典主义灯具的造型手段没有重大发展，但在处理手法上发生了一些变化。一部分新古典主义灯具走向"形似"的道路，而另一部分则进一步挖掘传统文化的精髓，增强了灯具的品位感。图3-22中的一组灯具或将传统灯具构成元素进行叠加重组，或将室内陈设与灯具结合，强化了传统灯具的固有形态。传统装饰元素的使用，不仅成为确定主题的依据，同时蕴涵了深刻的吉祥寓意。

延伸阅读：

1.陈小丰，《建筑灯具与装饰照明手册》，中国建筑工业出版，2000年11月出版。

2.裴俊超，《灯具与环境照明设计》，西安交通大学出版社，2007年2月出版。

思考题：

1.用经过不同工艺处理的玻璃制作的灯具有何审美特征？

2.试对木、竹、藤类材料的灯具的适用空间进行分析。

3.灯具的装饰性体现在哪些方面？

第4章 室内照明设计原理

4.1 室内照明设计的目的与要求

光是人类从事各种活动的保障，不当的光环境将阻碍人的行为，甚至对人造成伤害。因此，进行室内照明设计首先应明确设计目的，了解相关的照明设计要求，为创造良好的照明环境奠定基础。

4.1.1 室内照明设计的目的

室内照明的直接目的在于为空间中的对象提供适宜的光分布，以便于人们正确识别所欲知的对象和确切了解所处环境的状况。室内照明的进步意义则是创造满足人的生理与心理需求的室内空间环境，即满足人的精神需求。照明设计的正确定位是以人为本，出色的照明设计应尽可能把使用者所有的不同需求及其生活方式均考虑在内，应该注重运用不同类型的照明装置，满足人、空间和目标物三者对光线的需求，其中最重要的是考虑如何为空间的使用者提供照明。根据照明目的的不同，照明分为明视照明、环境照明和装饰照明几部分。

4.1.1.1 明视照明

以工作面上的需视物为照明对象的照明称为明视照明。例如生产车间、办公室、教室、图书馆、商场营业厅等室内空间的照明均是以明视照明为主（图4-1）。明视照明的特点是围绕确定的目标物或功能目的展开照明设计，即一方面要确保对特定事物的照明，使人能够轻松识别目标物，同时也要保证人在整个行为过程中的照度需求。

图4-1 明亮的顶部供光提供了充足的工作照明

4.1.1.2 环境照明

以环境为照明对象，并以提供视觉舒适感为主的照明称为环境照明。例如剧场休息厅、门厅、宾馆客房等非确定工作空间的照明均是以环境照明为主（图4-2）。环境照明的特点是不为具体事物考虑照明，而为空间进行照明，不具有照明的针对性。相对于明视照明来讲，环境照明的照度可以适当降低，对光源的显色性要求也可相对降低，并可对光源色表予以侧重考虑。

图4-2 以环境照明为主的休息大厅照明

4.1.1.3 装饰照明

以装饰要素为照明对象，或为配合装饰要素起到烘托空间的艺术氛围的照明称为装饰照明。例如各种空间中的装饰小品、陈设品的照明都属于装饰照明的范畴（图4-3）。随着人们对环境质量要求的提高，装饰照明越来越受到重视，装饰照明也着实为室内空间审美性的提高发挥着重要作用，尤其对旅游空间来说，装饰照明是环境氛围营造不可或缺的手段。

4.1.2 照明设计的相关要求

照明设计是一项复杂的工作，要考虑的内容很多，主要包括照度设置、亮度分布、光源显色性、光源稳定性、光的颜色、眩光等各项照明质量指标。而不同的照明目的也正是通过对上述指标控制的不同才能实现，因此要根据空间的功能性质对各种质量要求进行合理定位和综合考虑。

4.1.2.1 合理的照度设置

照度是决定受照物明亮程度的间接指标，照度水平常被用作衡量照明质量的基本技术指标。

（1）合理的照度水平

照度与人的视功能有直接的联系，当空间照度低时，人的视功能也降低，反之，当照度提高，人的视功能也随之提高。人们进行不同的工作或从事不同活动时，由于目标物或目的的差异，而需要不同的照度保障，以满足不同的视觉工作需求。不仅如此，正因为照度的变化影响人的视觉功能，所以其能够进而影响人的情绪。因

图4-3 照明效果不仅增强了陈设品的装饰性，同时改善了角落空间的闭塞感

图4-4 适宜的照度水平形成了松弛的休闲空间气氛

而，照度水平合理与否与空间功能和人的行为性质有关，应进行区别对待。在工作空间中，不仅需要满足特定空间的明视照明需求，还应使空间受用者保持良好的心理和生理状态，这既是对人性的关爱，也是对工作质量、工作效率的进一步保障，因而要避免低照度引起人的疲劳和精神不振，同时要防止过高的照度诱发人的紧张和兴奋感。而对于休闲空间和娱乐空间等以环境照明为主的空间来说，因环境氛围的塑造要比明视需求显得重要，所以，以适当的低照度使人产生放松、悠闲的情绪更为适宜（图4-4）。

（2）均匀的照度布置

空间内跳跃过大的照度变化，会促使人因被动适应而造成视觉疲劳，因此，需要提供一个照度均匀的照明环境。而实际上，由于视场内目标物的位置并非绝对，造成它们与预期光源的相对位置难以确定，因而不可能做到照度的绝对均匀，故只能要求达到相对均匀。国际照明委员会（CIE）推荐，在一般照明情况下，工作区域最低照度和平均照度之比不能小于0.8，工作所在房间的整体平均照度一般不应小于工作区域平均照度的1/3。欲达到上述要求，应使灯具布置间距不大于选用灯具的最大允许距高比，且靠近墙壁的一排灯具与墙壁间的距离应保持在$L/2 \sim L/3$的范围（L为灯具间距）。除此之外，如果要求照明的均匀度很高，可采用间接型、半间接型照明灯具或光带等形式来满足要求。

（3）针对性的照度定位

不同的建筑物，不同的场所，存在着使用功能的差异，所以要求有不同的照度水平。即使在同一场所，因区域功能性的差异，也要求照度值采取相应的变化。这一方面是要求根据建筑的功能性质进行照度定位，从总体进行符合功能性质的照度策划；另一方面，也要求在特定建筑的不同功能区域进行有别的照度安排，使不同功能空间的差异得以体现，以便更好地创造符合各自功能要求和氛围需求的照明环境（图4-5、图4-6）。

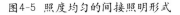

图4-5 照度均匀的间接照明形式

图4-6 为渲染悠闲、安逸的酒吧氛围而适当降低空间照度

4.1.2.2 适宜的亮度分布

在室内环境中，如果视场内各区域亮度跨度较大，当人们的视线在这些不同区域间流转时，需要视觉适应，而重复的这种行为势必造成视觉疲劳。因而，室内照明设计中应考虑同一视场内不同区域，以及界面亮度或目标物亮度的均匀性，以保障照明环境的舒适感。这需要设计师在进行布光设置时既要进行一般性亮度设计，又要充分考虑不同界面和物体材质的反射率，以进行针对性的亮度调整。

亮度的分布也并非要求绝对均匀，适度的亮度变化有利于目标物的凸现和氛围的营造（图4-7）。例如，通常情况下环境亮度应略低于该区域内主体目标物的亮度，CIE推荐当目标物的亮度是其所在区域环境亮度的3倍时，此时目标物的凸出地位较为明显，视觉清晰度较好。

4.1.2.3 适宜的光源色表和显色性

色表（表观颜色）与显色性是光源光谱特性的两个重要表征，决定了光源的颜色质量。但光源

图4-7 舒适而又具有变化的亮度分布

的色表与显色性之间没有必然的联系，即色表相同的光源显色性可能相差很大，而不同色表的光源也可能显色性几乎相同。理想的照明环境，应是对光源色表与显色性的协调考虑。之所以需要同时考虑，是因为尽管它们同时影响光源的颜色质量，但它们对照明效果影响的层面是不同的。

（1）根据照明目的确定光源的显色要求

当侧重室内环境氛围塑造时，更多的是考虑对光源色表的要求。光源的色表通常以色温（K）表示，不同色温的光源有不同的观感效果，对烘托环境氛围起到不同的作用。例如，色温小于3300K的光线呈现偏暖色的效果，适合用于体现温馨、舒缓的环境和在低温地区使用；色温在3300～5000K之间的光线为中间色调，具有中性色彩感，一般空间均可使用；色温大于5000K的光线偏冷色，适合用于容易使人情绪浮躁的环境，以降低人的燥热感。

在注重对目标物观感效果体现的情况下，对光源显色性的要求就要相应地提高。太阳光是我们最经常接触的光，由于我们的适应性，我们已经习惯于认为太阳光下看到的物体颜色是最真实的，所以与日光接近的光源的显色性最好，最能够体现事物的本质颜色。事实上，我们目前的光源都达不到与太阳光相当的显色性，但我们可以根据不同功能空间的显色要求，选择显色性适宜的光源，如表4-1中列出了显色指数的适用范围。

（2）选择适宜的照度与色温搭配

通常情况下，低照度不可能体现事物的本质颜色，即低照度光源显色性较差。但这并不意味着高照度光源就一定具有很好的显色性，只有适度的高照度才能显示事物的真实颜色。光源照度和色温的不同搭配又会形成不同的表现效果，对照明质量影响很大。例如，低照度时，低色温的光使人感到舒适、愉快，而高色温的光会使人感到阴沉、寒

表4-1 光源显色指数的适用范围

显色性组别	显色指数（R_a）范围	色表	适用空间
1A	$R_a \geqslant 90$	暖	颜色匹配
		中间	医疗诊断
		冷	画廊
1B	$80 \leqslant R_a < 90$	暖	家庭、旅馆
		中间	餐馆、商店、办公室、学校、医院
		中间	印刷、油漆、纺织工业、高精度工业生产
		冷	
2	$60 \leqslant R_a < 80$	暖	工业生产、一般性办公室、一般性学校
		中间	
		冷	
3	$40 \leqslant R_a < 60$		粗加工工业
4	$20 \leqslant R_a < 40$		显色性要求低的工业生产

冷；高照度时，低色温的光有刺激感，使人感觉不舒服，高色温的光则使人感到舒适、愉快。因此，在低照度时宜选择低色温光源（暖光），高照度时宜选择中高色温光源（冷白光）。图4-8和图4-9是同一场景在不同光线下的两种效果，其中图4-8是阴天时的自然光效果，此时的光线具有照度低、色温高的特点，场景显得暗淡而又略有几丝寒意，且木制作、乳胶漆等材质的质感和固有色显现效果极差。图4-9是人工照明效果，其照度较前者明显提高，光源色温则选用低于前者的冷白色光。画面中不仅材质的质感和色彩得到了很好的体现，而且有温馨、清亮之感。

4.1.2.4 稳定的光环境

室内照明光环境的稳定性是照明质量的一个重要特性，轻则影响空间功能的正常实现，重则危害人的身体健康。例如，人在工作或学习时，如果室内照明的照度突然发生变化，势必会打断我们的工作或学习，分散注意力，甚至引起心理恐慌；而如果人们长期在这种照度不断变化的光环境中生活，视力会受到严重影响。

引起照明不稳定的原因有很多，其中最主要的原因是由电压波动引起。如果照明供电系统中存在大功率用电器，当此类用电器启动时会引起电压的波动，从而导致照明光源光通量的变化，

图4-8 低照度高色温光环境下的场景效果　　图4-9 高照度中色温光环境下的场景效果

图4-10 近乎无光影效果的工作空间照明

图4-11 灯光与界面肌理的结合形成了丰富的光影效果

造成照明的不稳定。因而为提高照明的稳定性，在特殊的用电环境下要采取相应的措施。例如可采取将照明供电与动力供电分路设置或采用稳压设施等措施保障照明电压的稳定。

照明不稳定的另一个主要原因是频闪效应引起的。交流电电流的周期性变化，会使气体放电光源光通量产生周期性变化，人们在这样的光环境中观察运动的物体时，就会产生错觉，这种现象叫做频闪效应。当转动物体的转动频率与灯光闪烁频率成整数倍时，人们会有物体不动的错觉，从而容易导致事故的发生。所以气体放电光源不宜用于有快速转动或有快速移动物体的场合。即使在一般空间中使用气体放电光源时，也应采取一定的措施降低频闪效应。

另外，光源（或灯具）的摇摆也容易产生光照度的变化，严重情况下可能引发频闪效应，造成对视觉的影响。

4.1.2.5 适宜的光影效果

光源与被照物之间不同的位置关系，形成不同的光影效果。光影具有积极的意义，也有负面的影响；光影是可利用的，也是可消除的，对光影的取舍决定于照明目的和空间功能。

对于工作空间来说，光影的存在有极大的不利影响。一方面，光影容易使人产生视错觉，形成对目标物形象或位置的错误认识，埋下安全隐患。另一方面，对具有多角度光影的物体的长时间观察容易加速视觉疲劳，降低工作效率，且严重伤害视力。因此，在工作环境中，照明设置要通过调整光源与物体的位置关系、增加光源密度等手段，尽量削弱光影的效果（图4-10）。

对于环境照明和装饰照明来说，光影恰恰是用来增添装饰效果的手段之一，尤其是对于装饰照明来说，光影成为渲染空间氛围的重要手段。在某些空间，可以通过不均匀的布光设置和一定的光源与物体的关系，制造不同的光影效果，起到增强空间感，增加空间的视觉丰富性、趣味性等作用（图4-11）。

4.1.2.6 限制眩光

视野中由于不适宜的亮度分布，或在空间或时间上存在极端的亮度对比，以致引起视觉不舒适和降低物体可见度的视觉条件，称为眩光。根据眩光产生的结果，可分为失能眩光和不舒适眩光两种。无论哪种形式的眩光，都将影响照明质量，甚至伤及人体。

对于眩光产生的原因，前文已有所表述，不再多做介绍。为了限制眩光，我们应该针对眩光产生的原因采取相应的措施。例如，布光时应注意光照度的均匀性，即使在需要特殊光效的情况下，也要对相邻区域的照度差进行合理的调配；要合理定位空间的照度要求，并综合考虑空间各种材质的光反射特性，确定合理的照度水平，选择遮光角较大的灯具；同时应根据视线距离选择合适照度的光源，结合光源的密度控制光环境的照度水平，或采用低照度、大发光面的灯具等各种手段来降低甚至消除眩光。

4.2 室内照明设计原则

4.2.1 安全性原则

安全性是照明设计的首要问题。设计、施工、使用等各个环节的安全问题都要予以考虑，丝毫不得松懈。

首先，设计过程中要对回路设置、负荷、防触电、防短路等电气问题进行充分的考虑，避免火灾、触电等意外事故的发生；同时要考虑到照明设施在运行过程中检查、维护的安全性。其次，要考虑光源的安全性，例如热效应引起的光

源爆裂，光线对人眼是否会造成伤害等问题。再次，在选择照明器具时，要对照明器具构造的安全性进行把握，尤其对组合型照明器各部件的可靠连接、防漏电处理、散热性能等问题进行严格的考证。最后，对照明系统施工操作要严格地控制，一是线路施工的规范性，二是照明器安装的牢固性，特别是重量沉、体积大的大型照明器，要充分考虑其自重和外力的影响，严格设置具有足够承载力的独立承力点。

4.2.2 功能性原则

照明设计要从照明目的和照明设施的空间适用性等方面考虑，使照明设计符合功能需求。要求对空间功能进行准确定位，根据空间的特定功能需求和环境的具体情况进行设计。例如，根据使用要求确定照明方式、选择照明器形式和光源色彩；根据室内界面构造、材质，室内陈设的布置形式、表面材料的物理性能等具体因素确定照度水平和光效等，形成满足使用要求且令人愉悦的照明环境。照明设施的选择要考虑使用空间的温度、湿度等物理条件，保障照明设施使用的安全性和耐久性。

4.2.3 装饰性原则

照明设计是现代室内装饰的重要组成部分，为增强空间效果、丰富视觉效果、渲染艺术气氛发挥着重要作用，成为美化空间、营造环境氛围的重要手段。照明光源的表观效果具有不同的情感特征，照明设计不仅要利用光源的这种特性使人产生心理反应，同时要用与空间功能性质结合恰当的光源色彩增强空间功能特征的显现。形态各异，材质、色彩丰富的灯具本身就是很好的装饰元素，与不同光源搭配所产生的光效更增添了空间的审美情

趣。而将光源与灯具融为一体，采用不同的组织形式，通过不同的控光手段，实现光环境节奏与韵律的变化，塑造不同的环境情调，增强空间的美感体验，更是照明设计的任务之一。

4.2.4 经济性原则

人们对照明设计尽管有增加环境审美性的需要，但照明的基本目的是满足使用功能，肆意增加不必要的照明设置和仅为追求装饰性而增加经济投入是不合理的举动。照明设计要准确把握功能需求和审美需求的度，减少额外的经济支出。

一方面应该合理地进行功能需求的定位，然后通过科学的设计，提高照明设施的利用率；同时在设施的品质选择上，做到适中即可。这样可以有效降低一次性经济投入。另一方面，还要考虑照明设施的运行成本，即后续的经济投入。例如，选择能耗低、效率高、使用寿命长的光源，降低使用后维修、维护的难度等，都是减少后续经济支出的有效手段。

4.3 顶装灯具的布置要求

顶装灯具的布置就是确定灯在房间内的空间位置，包括水平位置和垂直位置。灯具的位置关系到

图4-12 均匀布灯的效果

图4-13 根据工作位确定灯具安装位置选择布灯照明效果

光的投射方向、工作面的照度、照度的均匀性、眩光、视野内其他表面亮度分布以及工作面上的阴影等因素。灯具的布置还会对照明装置的安装功率、照明设施的耗费、使用的安全以及能耗产生影响。因此，对灯具位置应进行严格控制。

4.3.1 灯具的平面布置方式

一般情况下，灯具的平面布置方式分为均匀布置和选择布置两种。

均匀布置即不考虑工作位置或其他物件的空间位置的布局方式。均匀布置通常有正方形布置、矩形布置和菱形布置等多种方法，是指相邻的四盏灯具呈正方形、矩形、菱形等形式。均匀布置是一种最常用的布局方式，能够为空间提供均匀的照度分布。在使用中，为保持顶棚的整体美观效果，应注意对顶棚其他物件的避让，并与之形成统一的秩序感（图4-12）。

选择布置即根据工作位置或其他物件的空间位置，来确定灯具位置的布置方式。选择布置的最大优点是能够选择最有利的光照方向，并最大限度地避免工作面上的阴影（图4-13）。在室内设施的布置位置不均匀的情况下，灯具的选择布置除能保证局部获得必要的照度外，还可以减少灯具的数量，节省投资和电能消耗。但当灯具的距离过大时，应进行适当的增加，以免使空间内产生过大的亮度对比，造成眩光和视觉不适。

4.3.2 灯具的平面布局控制

灯具采用均匀布置时，除了要考虑不同的形式感之外，更要考虑灯距。灯距合理与否，关系到空间的照明质量。灯距的确定主要考虑灯具的距高比，即灯具间距与灯具至工作面的距离的比例关系，灯具的间距通常用L表示，灯具至工作面的距离（计算高度）用h表示。当距高比（L/h）小时，即表示灯具的密度大，照明的均匀度好，但投资大；当距高比（L/h）大时，即表示灯具的密度小。如果距高比过大，则不能保证得到规定的均匀度。因此，灯的间距L实际上可以由最有利的距高比（L/h）来确定，以保证减小电能消耗而具有较好的照明均匀度。常用灯具类型的最有利距高比见表4-2。

通常，灯具在均匀布置时，墙边的第一排灯具距离墙面的距离应为$L/2$～$L/3$之间，同时应结合墙面材料的光反射系数考虑。

合理的灯具布置可以有效地消除在主要视线范围内的反射眩光。采用直接型或半直接型灯具时，应注意避免由人员或物体形成的阴影。因而，即便是对于面积不大的房间，有时也需装设2～4盏灯具，以避免产生明显的阴影。

表4-2 灯具布置的最有利距高比 L/h

灯 具 形 式	距高比 L/h	
	多行布置	单行布置
乳白玻璃圆球灯、广照型防水防尘灯、天棚灯	2.3～3.2	1.9～2.5
无漫透射罩的配照型灯	1.8～2.5	1.8～2.0
搪瓷深照型灯	1.6～1.8	1.5～1.8
镜面深照型灯	1.2～1.4	1.2～1.4
有反射罩的荧光灯	1.4～1.5	
有反射罩的荧光灯，带格栅	1.2～1.4	

4.3.3 灯具的悬挂高度

图4-14是灯具悬挂高度的布置图。图中的 H 为房间的高度，h_0 为灯具的垂度，h 为灯具下端距工作面的高度，即计算高度，h_p 为工作面的高度，h_s 为灯具的悬挂高度。

从照明质量方面看，照明灯具的悬挂高度主要对眩光有所影响。不同形式的灯具和不同类型的光源具有不同的眩光产生条件，因而在控制灯具悬挂高度时应具体对待。常用灯具距地面的最低悬挂高度见表4-3。

当一般照明的照度低于30 lx，且房间长度不超过灯具悬挂高度的2倍时，或在人员短暂停留的

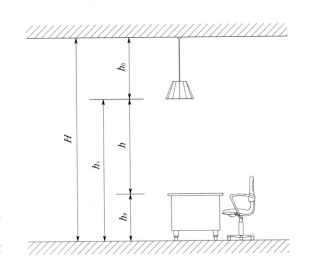

图 4-14 灯具悬挂高度布置图

表4-3 常用灯具距地面的最低悬挂高度规定

光源类型	灯具形式	光源功率/W	最低悬挂高度/m
白炽灯	有反射罩	≤60	2.0
		100～150	2.5
		200～300	3.5
		≥500	4.0
	有乳白玻璃反射罩	≤100	2.0
		150～200	2.5
		300～500	3.0
卤钨灯	有反射罩	≤500	6.0
		1000～2000	7.0
荧光灯	无反射罩	<40	2.0
		>40	3.0
	有反射罩	≥40	2.0
金属卤化物灯	搪瓷反射罩 铝抛光反射罩	400 1000	6.0 14.0

房间，灯具的最低悬挂高度应根据表4-3中的指导悬挂高度适当减低0.5m左右，但悬挂高度不应低于2m。垂吊式灯具的垂度h_0一般为$0.3\sim1.5m$，通常取为0.7m。垂度过大，既浪费材料，又容易使灯具摆动，影响照明质量。

对于高顶棚的空间，可采用以顶灯和壁灯相结合的布灯方案。这样既可以节约电能，又可防止因灯具与工作面距离过高而影响垂直照度。

4.3.4 灯具光源功率的配置

在上文的两个表中，无论是对灯间距的安排，还是对灯具悬挂高度的控制，都只是一个范围的提示，就是说当灯距和悬挂高度均在合理范围内时，可以产生很多具体的安排，因而会有不同的照度效果。所以这种范围提示只是作为一个参考，应用中灯位的具体安排要通过对照度的测算来最终确定。

实际上，空间的照度要求根据空间功能而不同，即特定空间的照度已经确定，而照度计算只是检验灯具的布置和光源的功率是否能够达到照明要求。而当灯具的距离和悬挂高度已经初步确定时，就需要对光源的功率进行确定。

室内空间的照度水平除了与光源的发光效率（lm/W）有关，还与灯具的效率、室空间比（RCR）、空间内材料的反射系数、维护系数等一系列因素有关。具体光源的功率可根据其发光效率确定，而单只光源的光通量要求可以利用平均照度计算的系数法推导出来。

平均照度 ＝（光源总光通量×利用系数×维护系数）/空间面积

光源的总光通量为单只光源光通量与光源数量的乘积，所以

单只光源的光通量＝（平均照度×空间面积）/（光源数量×利用系数×维护系数）

平均照度可以根据空间的功能要求来确定，室内空间的利用系数和维护系数应根据具体空间情况而定，该式中其实还应包括灯具效率。因为各种系数的查阅和测算比较麻烦，所以通常情况下可采用一个粗略的系数，俗称大系数。大系数是将灯具效率、利用系数、维护系数同时考虑在内，通常取$0.3\sim0.5$，根据经验，正常情况下该系数可以满足绝大多数室内空间的照度测算需要。因而

单只光源的光通量＝（平均照度×空间面积）/（光源数量×大系数）

当单只光源的光通量确定后，便可以根据不同光源的发光效率来选择适合功率的光源。

4.4 室内照明设计程序

4.4.1 明确照明目的

4.4.1.1 明确空间的功能性

办公空间、餐饮空间、娱乐空间、文教空间、观演空间等不同使用功能的空间对照明的要求有很大的差异，因此明确空间的功能性质是进行照明设计的首要工作。了解空间的使用要求，如空间的使用频率、预期使用人数及受用群体的文化背景等。

4.4.1.2 掌握空间的具体因素

空间的具体因素主要是指室内空间功能区域的设置、总体布局、空间组织形式，以及具体空间的形状、尺度，环境的物理条件，空间界面的装饰形式，饰面材料的光反射性能，室内陈设的数量、特性与布置情况等。设计师应通过对具体因素的了解，对空间特点形成认识，并进一步对空间条件的优劣加以分析，以便利用照明设计对

空间进行调整和改善。

4.4.1.3 确定照明目的

对不同功能区域进行照明目的的分析，进行明视照明、环境照明、装饰照明的份额和必要性的界定，形成对空间照明的总体定位，初步确定照明节奏。在进行照明目的分析时，需要结合空间的功能组织，对功能空间进行细化的功能分析，尽可能不遗漏功能内容，并对各细部功能有较好的定位，以便于协调照明效果。

4.4.2 确定照明质量标准

根据空间的使用要求，查阅相关的规范和标准确定空间的照度值。针对具体空间的形态、陈设品、装饰界面等空间存在物的位置关系、光反射率等具体因素规划亮度分布，粗略拟定照度调节方案。对功能性照明或装饰照明进行划分，根据功能要求和氛围营造需求，考虑光源的色温、显色性等。

4.4.3 选择照明方式

根据空间的照明要求确定直接照明、半直接照明、间接照明、半间接照明等不同的照明方式。对同一空间中具体功能区域的设置进行列举和定性，根据照度要求的差异，拟订一般照明、局部照明和混合照明方案。结合室内的装饰形态和氛围要求，对点光源、线光源、面光源等不同光效和美感体验的光源形式进行选择和组织。

4.4.4 选择灯具

灯具的选择首先要考虑其形式符合照明方式的需要，要能够达到预期的照明效果。其次要考虑到灯具的性能，如灯具效率、表面亮度、眩光

等。灯具形态的装饰性，灯具体量、材质、色彩与环境的协调性，灯具材质、构造的环境适用性等问题同样要一并考虑。

4.4.5 初步进行灯具布置

按已确定的照明方式，结合室内空间的装饰效果，进行灯具布置形式的组织和位置安排。位置安排不仅要考虑照明方式、平面布局的形式美，还要考虑对消防系统、空调系统、新风系统等其他安装工程构件的合理避让。在初步布置阶段，灯具的布置密度可以根据常规做法控制，是否适宜可在照明计算后确定。

4.4.6 进行照明计算

根据室内照度要求、灯具效率和数量、空间的形状、室内界面的反射比、光衰等因素确定光源照度。以整体亮度为基准，根据对局部亮度与整体亮度、目标物亮度与背景亮度的比值要求，确定局部照明光源和重点照明光源照度值。

4.4.7 选择光源

首先根据照明目的选择色表和显色性适宜的光源类型，然后进一步根据光源的光效确定能够满足照度要求的光源功率。一般情况下，光源的选择要把其色表、显色性、光效、经济性、使用寿命、表面温度等特性进行全面考虑，达到照明、装饰、节能的综合效果。

4.4.8 电气设计

选择供电电压，确定供电方式、配电系统，选择电缆、电线种类和管线敷设方式，选择其他电气设备。

4.4.9 绘制施工图

绘制电气施工平面图、配电系统图，编写设计说明，汇总安装容量，列出主要设备和材料清单。

4.4.10 设计评定

通过进一步严格的计算、三维模拟配光设计，或者模型实验等手段对设计方案的满意度进行评定，以便于对预期效果的把握和作为必要的方案调整的依据。

4.4.11 测量与鉴定

工程竣工后，要进行满负荷测试，检验电气设计的合理性；同时对光环境进行现场测量和鉴定。

延伸阅读：

1.李光耀，《室内照明设计与工程》，化学工业出版社，2007年出版。

2.赵思毅，《室内光环境》，东南大学出版社，2003年3月出版。

思考题：

1.试对灯具布置的原则进行分析。

2.根据本章内容，结合所学室内设计相关知识及平时的观察，对咖啡厅照明的直观效果进行分析。

第5章　室内照明设计方法

5.1 室内光环境控制

空间价值的实现是以适宜的光环境为保障的。自然采光和人工照明是室内光环境的两个组成部分，是人类从事各种室内活动不可或缺的要素。

5.1.1 充分利用自然采光

生命的第一需要是阳光，即自然光。自然光维护着人的身体健康，维系着生命的延续。不仅如此，自然光对人的心理也有很大影响。当阳光充足，天气晴朗的时候，我们会感觉心情舒畅，精神愉悦。反之，如果我们长期处于一个没有自然光的室内环境中，则会有郁闷、压抑之感，甚至产生脾气暴躁、性格怪异等心理疾病。

太阳光是最环保且取之不尽的能源。在能源危机时代和全球气候变暖的大背景下，太阳光的利用问题已备受关注。最大限度地利用自然采光，减少人工照明，将大大降低能耗，对当代人的健康和人类长久发展有重大意义（图5-1）。

5.1.2 合理组织人工照明

随着建筑密度的增加、建筑体量的增大和形态的多样化，建筑的自然采光受到不同程度的影响。因而，人工照明成为补充自然采光和提供夜间照明环境的重要手段。单从光环境控制的角度来说，人工照明要满足基本的明视作用，提供便利、舒适的视觉环境，满足人们的生理需求；同时要塑造具有审美趣味的环境氛围，满足人们的心理需求，这需要从光色、空间照度、亮度分布、眩光限制等几个方面进行考虑，对光源、灯具进行合理的选择与组织。

进行照明组织的过程中，始终要有一般与特殊的分析和相应的处理。光的显色性对明视照明的作用至关重要，它对事物品质的反映和对人的行为都会产生影响。我们经常会感觉买到的商品与在展厅（商场）看到的样品有一定差别，就是因为展厅灯光的显色性提高了商品的品质感。在照度方面，要提供符合功能要求的空间整体照度，保证环境的明视需求；同时要适当提高工作

Interior Detail

自然光在室内照明设计中的应用

面、主要目标物的照度，这不仅便于工作操作，也可以在环境中对特定目标起到视觉引导作用。亮度的分布更应该考虑不同受光面的特殊性，通过对受光面的光反射特性的分析，进行相互有别的布光处理，来控制亮度的均匀性和适度的亮度对比，最终形成满足生理与心理双重需求的照明环境。

所有这些保障照明质量和效果的手段，都要通过一定的灯具组织形式和照明方式来实现。例如，从空间照度分布差异上区分的一般照明、分区一般照明、局部照明、混合照明等方式，从灯具光通量分布区分的直接照明、半直接照明、半间接照明、间接照明、漫射照明等照明类型。而心理需求的满足更可以通过光源的色彩美、形式美，灯具的形态美、材质美、布置的形式美等诸多方面来实现。

5.2 选择符合照度分布要求的照明方式

室内空间使用功能不同，照度分布方式的要求也不相同。进行照明设计，首先要根据光照度分布的使用要求选择符合要求的照明方式。这便要求设计师对空间的功能性质进行定位，对空间的功能分区和具体使用要求进行分析，然后根据照度分布效果选择照明方式。

按照空间照度分布的差异，照明方式通常可分为一般照明、分区一般照明、局部照明、混合照明四种基本方式。

5.2.1 一般照明

为照亮整个空间而采用的照明方式，称为一般照明。一般照明通常是通过若干灯具在顶面均

图5-2 以一般照明为主的办公空间照明

匀布置实现的，而且同一视场内采用的灯具种类较少。均匀的排布和统一的光线，形成了一般照明照度均匀的特点，使其可以为空间提供很好的亮度分布效果。一般照明适用于无确定工作区或工作区分布密度较大的室内空间，如办公室、会议室、教室、等候厅等（图5-2）。

一般照明方式均匀的照度使空间显得稳定、平静，尤其对于形式规整的空间来说，更具有扩大空间的效果。从灯具布置方式来说，尽管均匀的排布显得呆板，但同时也具有自然、安定之美（图5-3）。

由于一般照明不是针对某一具体区域，而是为整个视场提供照明，所以总功率较大，容易造成能源的浪费。因而，对一般照明的供光控制要进行适当设置，可以通过分路控制的方式控制灯光照度，根据时段或工作需要确定开启数量，有利于降低能耗。

图5-3 具有自然、平静感的一般照明

5.2.2 分区一般照明

对视场内的某个区域采取照度有别于其他区域的一般照明，称为分区一般照明。分区一般照明是为提高某个特定区域的平均照度而采用的照明方式。通常是根据空间内区域的设置情况，将照明灯具按一般照明的排布方式布置于特定工作区上方，满足特殊的照度需要。分区一般照明适用于空间中存在照度要求不同的工作区域，或空间内存在工作区和非工作区的室内环境。例如精度要求不同的工作车间、营业空间的服务台、商业空间的销售区等（图5-4）。

图5-4 采用分区一般照明的商业空间

分区一般照明不仅可以改善照明质量，满足不同的功能需求，而且可以创造较好的视觉环境。同时，分区一般照明有利于能源的节约。

5.2.3 局部照明

为满足某些区域的特殊需要，在空间一定范围内设置照明灯具的照明方式，称为局部照明。局部照明的组织方式、安装部位都相对灵活，采用固定照明或可移动照明均可，适用灯具的种类也很宽泛，顶灯、壁灯、台灯、落地灯都可以作为局部照明工具。局部照明能为特定区域提供更为集中的光线，使区域获得较高的照度。因而，该照明方式适用于需要有较高照度需求的区域（图5-5），由于空间位置关系而使一般照明照射不到的区域（图5-6），因区域内存在反射眩光而需调节光环境的区域，以及需要特殊装饰效果的区域等（图5-7）。例如展览厅、舞台采用的投光灯，家居空间采用的台灯、落地灯，与壁龛、装饰品配合的照明等。

因局部照明可采用不同种类、不同投光效果的灯具，所以在光通量分布方向上具有很大的可

图5-5 为提高照度而进行的局部照明

选择性，加之可采用可移动照明灯具，所以便于形成不同的光效果，塑造多变的光环境。但采用局部照明时，需要对光照度进行一定的把握，以免其与周围环境形成过于悬殊的亮度变化，造成视觉的疲劳感。

5.2.4 混合照明

由一般照明与局部照明共同组成的照明方式，称为混合照明。混合照明实质上是以一般照明为基础，在需要特殊光线的地方额外布置局部照明。但对局部区域进行的额外照明并非照明的重复或简单的叠加，其目的是为了对区域性进行强调，或对特定区域的照明效果进行调整，以增强空间感、明确功能性、创造适宜的视觉环境。组织合理、得当的混合照明能够满足不同区域的

图5-6 为补充一般照明而采取的局部照明

图5-7 为增加装饰效果而采取的局部照明

照度要求，也可以做到减少重点照明区域或操作面的阴影。混合照明是功能相对复杂或装饰效果丰富的室内空间中应用最为广泛的照明方式。

混合照明可以在视场内形成不同照度、不同方向、不同色表的光线相互交织的光环境，能够起到丰富空间，增强空间的装饰性，塑造艺术氛围的作用（图5-8、图5-9）。但如果把握不当，也会形成光污染，如因照度的不均匀造成观感者视觉的疲劳等。

5.3 选择光通量分布适宜的照明方式

根据照度的空间分布要求进行的照明方式选择和定位，是对室内照明要求的明确，侧重于照明目的的认定，相当于总体策划。随着照明设计

的深入，要对灯具效率、灯具功率，乃至光环境的装饰性进行考虑，便需要根据光通量的分布效果确定具体照明方式。实际上，照明方式在光通量分布方面的差异，主要与灯具自身的光通量分布特性有关，同时也借助发光顶棚、反光灯槽等特殊照明手段来完成。

按照光通量分布的差异，照明方式可分为直接照明、半直接照明、间接照明、半间接照明、漫射照明五种方式。

5.3.1 直接照明

灯具发射的光通量的90%以上直接投射到工作面上的照明方式，称为直接照明。从光的利用率来看，直接照明方式中只有不足10%的光没有直接利用价值，所以其利用率较高，是能源浪费最少的照明方式。直接照明方式主要是通过光通量分布符合该要求的灯具实现的。直接型照明灯具因光束角宽窄的差异，又分为窄照型、中照

图5-8 具有丰富光环境的混合照明案例一　　　　　　图5-9 具有丰富光环境的混合照明案例二

型、宽照型三种（国内划分方法），这种差异直接影响了灯具的光效。

直接型照明灯具的具体类型的选择，要根据照明目的和对装饰效果的不同追求来决定。下面以窄照型和宽照型直接照明灯具为例，说明一下它们的光照差别和对光环境的影响。

窄照型直接照明灯具光束角小，发射出来的光线非常集中，在同样光通量的情况下，窄照型直接照明灯具的照度高，具有照明目标性强、节约能源的特点。窄照型直接照明灯具适用于重点照明和高顶棚的远距离照明，例如博物馆、展览馆的展品照明，餐饮空间、娱乐空间的重点照明（图5-10）。而如果与光通量分布分散的照明工具结合使用，更可以产生光束效果的对比，能形成具有艺术气息的光环境。但因为光束过于集中，窄照型直接照明灯具不适用于低矮空间的均匀照明。

宽照型直接照明灯具光束角相对宽广，光束具有扩散性，因而在灯距适当的情况下，可以提供均匀的照度。此类灯具应用范围较广，适合作为只考虑水平照明效果的室内空间的一般照明之用，是一般空间照明使用频率最高的灯具形式。例如，酒店大堂的公共空间、餐厅的公共区域、营业大厅等空间以及作为舞台环境灯光等。由于宽照型直接照明灯具的光束具有扩散的特点，所以不适合在高顶棚的空间使用，否则将因光的散失而造成能源浪费。

总体来说，无论光束角度如何，因直接型照明灯具保证了90%以上的光通量投向工作面，所以是最节能的照明方式。同时，正因为其光通量的集中，所以造成灯具上部空间和下部空间亮度的强对比，容易产生眩光。所以，应用中要采取相应的限制眩光措施，保证良好的视环境。

5.3.2 半直接照明

灯具发射的光通量的10%～40%向上透射，60%～90%向下透射到工作面上的照明方式，称

图5-10 窄照型直接照明灯具在地面上的投光效果

图5-11 采用半直接照明方式的餐厅

舒缓的朦胧感，提高了空间的艺术氛围。上射光线照亮了顶棚，增添了空间的高度感，更适合低矮空间的照明之用（图5-11）。

5.3.3 半间接照明

光通量的60%～90%向上透射，利用天棚的反射光作为主要光源，而将10%～40%的光直接透射到工作面上的照明方式，称为半间接照明。半间接照明方式的形成与半直接照明相同，通常也是利用半透光性遮光罩调整光通量的发射方向和比例来实现的。不同的是，半间接照明是将遮光罩置于光源的下方，而使大部分光通量向上照射，从而使工作面上获得透过遮光罩照射出的柔和光线。

经由天棚反射出的光，更趋于软化阴影，但因其调整了空间的整体亮度，所以不利于提高水平照度，主要适用于一般性照度要求的作业空间和非作业空间。例如，普通办公室、学校，以及娱乐空间、餐饮空间的公共空间等（图5-12）。

实际上，半间接照明方式光通量的分布特点

为半直接照明。此种类型的照明方式通常是利用遮光罩的透光性完成的，不同透光度和形式的遮光罩产生的光效有所差异。例如，可以采用半透明透光罩遮盖光源上部，使60%～90%的光直接向下照射，作为工作照明，而10%～40%的光通过遮光罩投射向其他方向，形成具有柔和的漫射光的环境照明；也可以将透光罩的顶部留出透光孔，使部分光通量直接向上照射，从而利用环境照明产生更多的艺术效果。

光通量分布的特点决定了半直接照明灯具可以自然地形成工作照明和环境照明，使室内具有适合不同需求的照度比。这种适宜的照度比同时也降低了阴影，减轻了眩光效应。半间接照明灯具是最实用的均匀作业照明灯具，被广泛用于高级会议室、办公室的照明。就装饰性来说，半直接照明方式容易使光环境形成一定的层次，产生

图5-12 采用半间接照明方式作辅助照明的餐厅

图5-13 设置在墙面的间接照明形成优美的装饰效果

更适合用于氛围的营造和空间感的塑造，尤其是适用于对小空间的改善。例如，在狭小空间中使用次照明方式可以将墙和顶界面的体量感削弱，减少对人的压迫感，起到扩展空间的作用。

半间接照明方式也有一些不利影响。例如，当在人的正前方上部空间使用时，容易产生眩光，并且存在较大的光通量散失，相对能耗较大等。

5.3.4 间接照明

间接照明方式是自下方将光源完全遮挡，使光通量的90%～100%向上透射，只有10%以下的光直接透射到工作面上，而主要通过天棚或墙面反射获得光线的照明方式。间接照明可以利用上射光灯具，也可以利用反光灯槽等其他隐蔽光源的特殊做法来实现。因光线几乎全部来自于反射，间接照明光线极为柔和，从使用功能角度讲，适用于环境或操作对象反光性强的空间。

间接照明的最佳用途是作为环境照明和装

图5-14 顶部设置的间接照明增强了空间的装饰效果

饰照明使用。例如，反光灯槽的合理使用可以形成理想的背景光，成为烘托氛围不可或缺的手段。将光源进行遮蔽的方法在适宜位置使用时，可以产生独特的装饰效果，增添空间的美感（图5-13、图5-14）。

因该照明方式基本全部依靠界面的反射获得

图5-15 柔和、优雅的漫射照明效果

光线，所以当墙面和顶面的光反射率较低时，将造成极大的能源浪费。此外，如果光源距离顶面的距离过近，会限制光线的发射，使照明设施失去意义。

5.3.5 漫射照明

漫射照明方式是利用灯具的折射功能来控制眩光，将光线向四周扩散、漫散的照明方式。在形成方式上，一种是利用半透光灯罩将光线全部封闭，依靠光的透射产生漫反射。另一种是通过反射装置和滤光材料的结合，形成光线的漫反射。例如在发光顶棚中，光源直接照射的光线和反射板反射的光线经由滤光材料（如灯箱片、磨砂玻璃）滤光后，基本失去了方向性，产生漫射效果；而采用磨砂玻璃或半透光亚克力等材料制成灯罩的灯具，同样具有滤光的效果，使得灯具内部光源所发出的光线经由灯罩的折射、过滤后，均匀、柔和地透射出来，形成淡雅的光环

境。漫射照明的特点便是光线柔和、细腻，不会产生硬光斑和反光，便于塑造舒适的照明环境和优雅的装饰效果（图5-15）。

5.4 实现照明与空间设计的完美结合

室内设计是对室内空间的调整与完善，是一项使建筑空间更加人性化、更具有人情味的工作。这也是室内设计所涉及的一切门类和分项工作都应遵循的原则和崇尚的目标。室内照明设计也应因此而起到更递进的作用，我们要以"神"和"形"的关系去分析和处理照明设计与空间设计。

5.4.1 以照明组织增强空间的功能感

对于综合性空间来说，根据使用与审美的需求，要对空间的功能性质进行区别定位，并采取相应的空间组织措施。例如对主次空间、公共性与私密性空间、流通性空间、过渡性空间等方面的界定和组织。不同效果的照明设计则可以对上述空间组织起到辅助作用，增强空间的功能感。

5.4.1.1 对主次空间进行区别布光

一个安排合理的完整的室内空间，它内部的具体功能空间不存在绝对平衡的处理，室内空间有主有次。空间的主次关系同任何事物的主次矛盾关系是一样的，它们是一种对立依存的关系。一般情况下，在进行室内空间功能组织设计时，主要功能空间和次要功能空间应该已经得到了明确的区分和针对性处理。这便要求照明设计以顺应空间设计所作出的正确定位为基础，进一步凸显主要空间的主导地位，明确空间的功能特性。

通常情况下，主要空间和次要空间的照度水平要有所差别，但这并不意味着主要空间的照度一

定高于次要空间，照度高低的搭配要视空间功能性质的具体情况而定。例如，在餐饮空间中，就餐大厅是主要功能空间，其照度要求达到较好的水平；走廊尽管是不可革除的空间，因其承担着次要功能作用，所以照度只要能够满足人通过时的明视需求就可以了。而对于酒吧、茶社等同类空间来说，作为主要功能空间的消费空间，要求相对低的照度才易于形成安逸、休闲的氛围，这种照度水平要明显低于其走廊的照度。事实上，即便其走廊选择与消费区同样的照度水平能够实现人员通过的照明之需，也要适当提高走廊照度，使之与消费区形成一种视觉环境的节奏感。总体而言，主要空间是室内空间功能的核心空间，是功能的根本保证，所以应以主要功能空间的功能需求和氛围需求为依据进行主要空间的照度定位，继而进行附属空间的照度搭配（图5-16）。

在照明的组织手段、灯具的配光效果等方面，主要空间可以酌情丰富，形成光环境的主次差别。主要空间照明设计的着重性还体现在灯具形态、经济投入的适当侧重方面。例如，在营业空间的中心大厅可以选用体积较大、造价较高、视觉冲击力强的灯具来体现特定场所的档次和品位（图5-17、图5-18）。

次要空间是主要空间功能价值实现的保障，其尽管处于次要地位，却是主要空间的依存对象，不容忽略。次要空间照明设计要遵循与主要空间一脉相承的原则，在处理力度上要适度降低，但不可以相差甚远。尤其是对亮度分布的把握，不可以造成主次空间亮度的悬殊对比，以免观感者在不同空间流动时产生不利的视觉影响。

5.4.1.2 满足空间公共性和私密性的照明要求

空间使用对象的确定性与不确定性的差别，形成了空间公共性和私密性的区分。

公共性空间是为不确定人群使用的空间或为某个特定人群所共用的空间。例如，商场的营业厅、办公楼的大厅、接待室、休息室、集体办公区、酒店的大堂、餐饮空间的餐厅、多功能厅、休息厅等公共建筑的绝大部分空间，以及住宅的起居室、餐厅等空间，这些空间具有人流性强、使用频率高、气氛相对活跃的特点。照明设计的公共性体现在以功能空间的照明要求为依据，兼顾空间所在建筑整体照明设计格调，而对主观因素的考虑只以群体为分析对象，不考虑个别使用者的特殊需求。在照度设置上，越是人流动性强的空间越要保证充足的照度。抛开使用要求不说，流动性强的空间容易形成人员的集中，熙攘的人群即便是没有过多的额外嘈杂，也会令人感觉烦躁，而低照度则更容易使人心情郁闷，加强人们的不安感，因而要适当提高照度，以明亮的环境舒缓人们的情绪（图5-19）。

图5-16 主次空间的照度搭配

图5-17 光效果丰富的主要空间照明

图5-19 具有清爽、轻松之感的公共空间照明

酒店客房、雅致的就餐环境，以及家居的卧室、书房等室内空间。一方面要根据使用者的爱好选择灯光的组织形式、灯具款式、光源色，另一方面要适度降低一般照明的照度，采用必要的局部照明提供相应的照度需求，以虚实结合的光环境塑造空间的恬静、安逸感和私密感（图5-20）。

5.4.1.3 促进空间的流通性

人从事任何活动都不会是绝对单一的行为，都是系列的行为，而且行为过程有一定的次序性。活动的流畅完成依赖的是合理的空间流通性，即空间的序列。处于对空间流通性的考虑，照明设计既要做到功能分区的明确，又要做到对静态和动态的考虑，以及对空间序列的体现。

空间流通性的体现手法，要视各功能空间或功能区域之间的建筑界定方式而定。通常可通过灯具的布置形式、照度变化、光通量分布变化、灯具形式变化、光源色变化等手段来实现空间流通性的塑造。为体现功能的区域性，可根据不同的功能采取相应的照度变化，这将使特定区域与其他区域形成照度差别，明确了区域性，照度设置的变化也使整体空间不至过于黯淡。空间的功

图5-18 照明灯具对空间重要性的烘托

私密性空间的使用人群通常具有确定性或阶段确定性，即空间属于某一个人、几个人私人使用，或在一定时期内为几个人占有。在有些情况下，此类空间就需要针对个别需求来进行灯光设计。例如公共环境当中的高级管理人员办公室、

图5-20 具有私密感的照明环境

图5-21 光线的引导形成空间的流通感

能差异，形成各自的动、静特点，光通量分布的不同对塑造空间的不同功能特征有重要作用。直接照明、间接照明、漫射照明方式都易于在水平面形成均匀的光亮度，有助于增加空间的平静之感；而半直接照明、半间接照明方式则容易形成空间垂直方向的亮度对比，有一定的光影效果，具有动态美感。静态空间的光环境一定要具有稳定、安静的气氛，否则容易使人产生浮躁情绪，影响正常工作；同样，动态空间如果不具备活跃、灵动的气氛，也会阻碍空间功能的实现。尤其对于通过空间来说，适宜的灯具布置形式可以形成序列感，产生导向作用，既利于空间序列的体现，也可以使人产生快速通过的激情（图5-21、图5-22）。

5.4.1.4 体现空间的过渡性

当两个功能不同的空间相衔接时，为了缓解突兀感，可以采用过渡空间的形式进行联系。例如，当建筑由室外到室内的转换，开敞空间到封闭空间的转换，都可以利用过渡空间进行衔接处理。

图5-22 具有流通感的通过空间照明设计

而在功能性质完全不同的静态空间和动态空间的联系中，也可以利用过渡空间实现功能的缓冲。

过渡空间照明设计，要将两个相邻空间的光环境特征进行融汇，其做法是调和，而不是重叠。例如，夜晚室外的光环境相对较暗，室内则是灯火通明，所以门厅的照明设计首先要考虑照度的缓冲,其照度水平要介于室外照度与第二室内空间之间,以免亮度的悬殊变化引起人视觉的不适。除了亮度之外,光环境氛围的过渡也是过渡空间照明应有的作用。例如就舞厅的门厅来说,它要具备情绪缓冲的作用,通过光效的渲染使人感受到舞场炫丽刺激的气息,既起到调动情绪的作用,又可以给人一定的心理准备(图5-23)。

图5-23 门厅主要空间照明的中照度设置实现了
室外空间与前台照明的过渡

5.4.2 利用光效果体现空间形态

为了利于区域的界定,创造空间的美感,在空间组织中经常会用到一些特殊的手法,使空间具备一定的形态特征。把握合理的照明设计是室内空间形态设计的必要补充。

5.4.2.1 塑造下沉空间的安全、幽静感

室内地面的局部下沉,使完整的室内空间产生一个富有变化的相对独立空间。因周围地面高于下沉空间,所以对下沉空间产生一定的围合

性,使空间具有隐蔽感、安全感。通常情况,下沉空间与周围空间不存在实体性分隔,或采用通透性强的分隔方式,以确保视觉的连贯性,否则将失去下沉空间的意义。因而在照明设计中,既要通过各种设计手段形成空间与周围差别的个性特征,也要进行适度的协调处理。要充分考虑固有空间形态的情感特征,在光环境营造上给予延续和升华,塑造一种具有私密感的平静、安逸的气氛。光源色的选择要以暖色调为主,一般照明的照度要适当偏低,通过增加一定的局部照明满足特定功能的使用之需。例如,很多酒店大堂的大堂吧都采用下沉式处理,以打造空间的丰富性和进行相对明确的功能界定。下沉式的空间形态与大堂吧休闲、祥和的功能特征非常地吻合,而柔情、幽静的照明环境又会增添浓郁的亲和气氛。下沉空间灯具的照度设置不宜过高,照度过高会对下沉空间的形态特征产生破坏效果,同时不必追求空间整体亮度的均匀分布,并可适度运用光影效果。

5.4.2.2 体现上升空间张扬的个性

上升空间是将室内地面局部抬高,形成一个边界界定明确的相对独立空间。因地面高于周围空间,所以上升空间比较醒目、突出,具有张扬之感。针对上升空间的特点,其光环境要力求做到明快、轻松,为空间充斥活力和积极进取的精神,甚至在特殊功能空间还可以打造铿锵激昂的感觉。照明设计中要运用整体照度的提高,灯光的流动性或者对比性等手段显示其个性(图5-24)。例如舞台、模特台等均属于特殊功用的上升空间。如果此类空间的照度降低、光线黯淡,则会压制上升空间的气势,而削弱其功能价值。商场、展厅等场所同样存在大量的上升空间,能充分起到惹人注目的效果,加大重点商品(物品)的展示和宣传力度。

图5-24 醒目、张扬的上升空间照明

因为上升空间与下沉空间是一组对立的空间形态，所以它们有一些共性特点。例如，上升空间也只是整体空间的一个组成部分，为获得视觉的完整性，要求将其与周围光环境进行一定的联系处理。

5.4.2.3 打造凹式空间的内敛感

凹式空间是因室内局部空间的退进而形成的一种特殊形态的空间。此类空间在形式上具有吸纳和包容感，尤其对于围合性强的凹式空间来说，有一种安全、平静之美。而处于凹式空间两个角落部位的区域，清净、温雅之感更浓。在照明设计中，可以利用均匀的照度设置制造平淡、舒展的感觉，也可以通过暖色调的灯光和适当的光影变化渲染优雅、温馨的空间氛围。

5.4.2.4 显现凸式空间渴望互动的愿望

凸式空间是因室内局部空间的凸出而形成的

一种特殊形态的空间，是与凹式空间相对立的空间。凸式空间具有一定的膨胀感，体现了一种动态的特点，可以使人感受到活力和冲动。此类空间的照明不强调空间的整体亮度，而要重点对位于端部的空间进行光环境的处理，使它具有鲜活之感和灵动之美。如果提供均匀的亮度分布，尤其是大面积采用直接照明方式，则会使空间显得黯淡无光、空洞乏味，与空间的形态特点形成冲突。例如，采用凸式结构的观光阳台宜利用适当的高照度光源宣泄拥抱自然的冲动，冷暖光的交汇会使空间弥漫着浪漫的气息，如果选用一款垂吊式灯具，则又会增添空间的韵律美。

5.4.2.5 彰显交错空间的秩序美

交错空间主要是指常规建筑中的立体交通空间，也包括一些非常规建筑中的现象，如扭曲建筑所形成的交错、穿插形式的空间。交错空间是一种动态空间，在构成上运用了重复和叠加的手法，通过有规律的组织形成具有秩序美的空间形态，既显平静，又有颇具动感的方向性。当充当立体交通功能的交错空间发挥作用时，因人群川流、活动不息，使空间气氛活跃，生气倍增。交错空间的照明设计也因此而更受重视。照度水平保障人的活动需求是交错空间照明设计第一位的要求，其次要考虑对空间本身秩序美的体现。可以通过灯具的有序组织或光源形式的选择，形成光线的导向性，既富流动之美，又与空间的构成特点相融合；而中性光源的选择会使空间具有运动而恬静的特征（图5-25）。对人群涌动产生的过度喧闹感的调节是交错空间对照明设计的又一要求。为避免过于活跃的气氛，灯具的布置要尽量选用舒畅的线形布局，给人清爽的感觉；要慎用不同色调的光源，避免使人产生复杂的情感；选用垂吊式灯具时，要充分考虑灯具悬挂高度可能形成的不安全感和杂乱之感。

图5-25 具有秩序美的交错空间照明

5.4.2.6 体现"母子空间"的和谐美

在大面积的室内空间中，可能会根据功能需要进行一些具体功能的设置和空间的划分，因此形成整体空间内囊括配属功能空间的复杂空间，即"母子空间"。母子空间的照明设计要以整体空间的功能需求为基调，对特殊功能的子空间进行个体功能的适度体现。例如，在开敞式集中办公空间内，除了员工独立的办公外，可能还需要进行一些类似分组讨论的活动，为了避免对不参与活动的人产生影响，相对独立的交流空间的设立就成为必要。在这种母子空间中，整体照明必须符合办公的需求，例如适度的照度水平、均匀的亮度分布等，而对功能相对独立的交流空间则可以进行一定的氛围处理，比如以中性光色制造清爽的光环境，使活动参与者可以保持冷静的头脑，利于沟通效果的提高；同时也可以适当增设暖光源，使气氛更加融洽、温馨。当然，子空间的光环境也可以与母空间保持一致，一脉相承，从而形成协调、和谐的美感体验（图5-26）。

图5-26 具有和谐感的母子空间照明

5.4.2.7 塑造虚拟空间的区域感

虚拟空间是具有一定的功能性，但不具有明确三维特征，仅靠观感者的想象或错觉而形成的特殊空间形态。虚拟空间是由于不便于或不宜于设置独立的空间而产生的一种空间。例如，某种功能与其临界功能具备一定差异，但不便于明确界定，或者因某个具有一定独立性的功能所占用的空间面积较小，采用空间分隔手段后不利于功能价值的很好实现等情况，都经常会采用虚拟空间的形式。对于虚拟空间来说，利用照明设计来显现其功能的独立性是最适宜的手段之一（图5-27）。

5.4.3 利用灯光改善空间的不利现象

建筑空间在设计时，由于需要考虑建筑形态、主要空间的布局、建筑利用率、建筑造价等诸多因素，所以造成室内空间可能存在面积过小、空间三度比例异常、建筑构件体量过大、建筑构件位置影响视觉效果等一系列问题。这些问题的存在有的直接影响空间的使用，有的因使人产生不适的心理感觉而间接影响空间功能的正常实现。直接影响空间使用的因素不会通过装饰处理得以解决，而对于间接影响空间使用的因素，我们却可以通过各种装饰处理手段予以缓解甚至消除，灯光效果是有效手段之一。

在室内空间的形式、三维尺度、构架状况，室内物体的形状、尺度、表面材质属性、颜色，以及它们在空间中的相对位置等因素确定的情况下，光源的位置、照度设置、光通量分布、光的透射方向、光线强度、光源颜色等要素的不同组合与搭配，会使空间产生不同的观感效果。这正是利用灯光改善室内空间的不利效果的具体方法。

下面通过几个典型的情况进行简短的说明。

5.4.3.1 利用灯光效果改善空间的尺度感

图5-27 具有相对独立感的虚拟空间照明

图5-28 顶棚的明亮形成空间的上升感

实际应用中，我们经常会遇到一些狭小的室内空间，这些空间往往从功能要求上可以满足使用需求，但从使用者心理方面，却存在令人窒息的压抑感和局促感。对于此类空间的照明，我们需要进行归类分析，作出针对性处理，绝不可一概而论。

对空间的长、宽、高三维尺度都小的空间来说，需要通过提供高照度，并采取均匀布光的形式，而且尽量保持光通量在长、宽、高三维方向分布的相对平均，以此使空间通体明亮，产生空间的扩大感。对于只有两个方向或者一个方向压迫感的空间来说，同样可通过亮化处理来解决"问题界面"的问题，但不同情况下要采取不同的措施。例如对低矮顶棚的处理：当空间的长、宽方向尺度适度或略显拥挤的情况下，可以通过提高顶棚的亮度来缓解压抑，也可以在墙面的上部设置上射光灯具，通过墙面光线向顶面的扩散，制造墙面向上延伸的错觉，从而获得空间的高度感。图5-28所体现的吧台上方的天花不属于压抑顶面，虽然该空间顶部形态主要取决于其跌级上升的结构做法，但图片所展示的照明效果也说明了顶部高亮度处理对空间上升感的影响。当空间跨度较大时，照明设计只可采用提高顶棚照度的方法，如果利用在墙面设置上射光的方法，则会削减墙面的力量感，而使顶棚更具下沉感。再如悠长的走廊的处理：悠长的走廊容易使人产生疲劳感，往往同时伴随着两侧墙面的拥挤感，这种情况通过对墙面的分段亮化处理可以收到很好的成效。断续的光亮不仅打破了墙面的延伸感，同时亮化效果也降低了墙面的内聚感（图5-29）。

5.4.3.2 利用灯光消除异形空间的不适感

异形空间的存在是大型建筑在所难免的现象，这些空间的使用着实会令人产生不同程度的不适感。此类空间中，对特别拥堵的部位可采用

图5-29　照明对悠长、狭窄走廊的改善

图5-30　照明对隐蔽角落的处理效果

局部装饰照明的艺术化处理来化解，普通部位的照明设计大可采取遇形随形的态度，不必过多地考究，以免画蛇添足，破坏空间的构成美。真正令人不适的是此类空间的"死角"位置，需要着重处理。例如图5-30中的三角形空间，两个锐角

部位会令人产生束缚甚至窒息的感觉，此时，一盏形式简洁的上射光落地灯便会完全改变空间的效果。具有三维尺度的落地灯占据了一定空间，隐藏了夹角的犀利，当电源开启时，光线投射到墙面上部和顶棚上，让人领略到光晕的优美，而感受不到锐角的存在。

5.4.3.3 利用灯光削弱建筑构件的体积感

高照度中性光源的照射会使光照面显得苍白，可以削减受照物体的体积感和重量感，尤其当光线正对物体边角照射时，会使物体的两个相邻界面因没有明暗对比而失去形体感。光的这种作用可以被用来弱化大截面柱子的笨重感，调整低矮梁架的压迫感。例如，可以在低矮的梁架的侧面和底面设置照明，既能够起到明视作用，又可以降低梁架的重量感（图5-31）。

图5-31 照明改善了梁的笨重、压抑感

但当对柱子进行对角光线照射时，照明灯具的布置位置、照度、照射方向等情况必须完全相同，否则会使人产生柱子扭曲、倾斜等错觉，形成空间的不稳定感和不安全感。

5.5 充分发挥照明设计的装饰作用

照明的艺术化处理所产生的装饰效果是任何装饰手段都无法比拟的。但优秀的照明效果并不是唾手可得的，而是设计师对所有环境因素合理分析并恰当运用照明设计手法实现的。

5.5.1 将灯具作为装饰元素

作为室内空间的一个实体物件，灯具的存在本身就是一种装饰元素。灯具的不同组织形式，又会产生新的装饰效果。

5.5.1.1 单体灯具的装饰性

灯具单体的装饰性表现在它的形式、尺度、材质、色彩等构成要素上。灯具具有自身的形态，无论是立方体、长方体还是球体，具象还是抽象，简洁还是复杂，都体现了一定的形式美。其比例、尺度的差异也在空间中产生不同的视觉效果。灯具的材质继承了各种材质本身的审美特征，如金属的刚硬、犀利，玻璃的玲珑、剔透，木材的自然、质朴等，为空间增添了新的审美体验。或淡雅、或绚烂的灯具色彩也是环境装饰的重要组成，装点了空间，渲染了气氛（图5-32、图5-33）。

5.5.1.2 灯具组合的装饰性

在功能单一、面积较小的室内空间中，所使用的灯具类型和数量相对较少，而对于功能复杂空间或大空间，根据照明需求的差异，需要不同类型和更多数量的灯具。不同类型灯具的选择除了考虑光照需求之外，还要考虑其风格的协调性，同时也要注意灯具外观尺度的适度对比。此外，灯具的安装方式、悬挂高度等因素都对装饰效果有一定影响，也是灯具选择时需考虑的问题。

当对数量颇多的灯具进行布局安排时，要

图5-32 照明与装饰性并举的简单构造
灯具的装饰效果

图5-33 注重装饰性的复杂灯具的装饰效果

对不同排列方式的形式美加以分析。例如，阵列式均匀布置具有稳定、平静之美，流线形布置具有韵律美，而分组错落布置则具有秩序美（图5-34）。切记不可教条地只针对使用功能，而破坏顶面或空间的审美效果。否则，即便在功能上满足了照明需求，也会因不良的装饰效果而影响空间价值的实现。

5.5.2 利用灯光处理手法营造氛围

光环境的打造依靠的是照明组织形式、灯具的配光效果的差异，以及控制照明的不同手法。手法的结合方式不同，营造的空间氛围也不相同。运用灯光的具体手法前文已讲述，这里再着重从装饰效果的角度对灯光的运用和处理手法作一些总结。

5.5.2.1 灯光的对比与协调

对比与协调是照明设计的常用手法之一，应用在灯光方面主要体现在对光的形式、亮度和光源色彩的控制。

（1）光的形式对比与协调

光的形式主要是指由点光源、线光源、面光源所发射出的不同的光分布形式。点光源、线光源、面光源有各自不同的观感效果，采用单独形式时，会形成平静之美，但同时也会给人呆板、乏味的感觉，尤其在大面积的空间，光形式的单一运用更显沉闷。将点、线、面结合，利用形式感的对比，不仅产生灵动之美，同时也具有和谐的效果（图5-35）。

（2）光的亮度对比与协调

光亮度的对比可以产生节奏感与韵律感，形成不同的空间氛围。当采用光通量分布相对均匀的照明灯具时，空间中的亮度对比弱，形成安静、祥和的空间氛围。而采用光通量分布不均匀

图5-34 灯具流线形布置的韵律美

图5-35 点、线、面光源的结合

的灯具，则产生较强的亮度对比，使空间具有活跃、浪漫的气息。

对比的运用总是需要进行度的控制，即运用协调的手法避免悬殊以及过度的处理造成的杂乱、不安，甚至对视觉的伤害。

（3）光的色彩对比与协调

光源色彩的适度对比能改善空间的情感特征，有利于调节人们的心理感受。例如，冷色光环境具有清凉、硬朗的特征，过度的表现则让人产生不容易接近感；暖色光环境具有温暖、恬静的特征，如果控制不当则会造成令人不适的过于亲近感。通过光源色的对比可以缓解各种极端的光环境效果，达到空间感情色彩的协调（图5-36）。而彩色光源的结合使用，更是特种空间氛围营造必不可少的手段，各种异彩纷呈、五彩缤纷的光影效果无不通过光源色的对比与协调实现。

光源色彩对比的使用以结合不同的灯具形式为宜。在某些情况下，纯粹的光源色变化会显得牵强，而结合不同的灯具形式，尤其是根据不同的功能使用，可以起到恰到好处的效果。

5.5.2.2 灯光的扬与抑

灯光的扬与抑即灯光的强调与控制。该手法从装饰角度的使用是对视场内主次事物表现效果的体现。当视场内存在需要重点展示的物件时，就要通过强调的手法进行着重处理。例如，对室内的重点装饰部位、装饰品进行高照度的定向照明，以突出其在空间中的重要地位。对于室内空间中的次要物件，或一些难以处理和处理不得当的位置，可以运用降低照度的手法，使其产生平

图5-36 冷暖光源的对比与协调效果

图5-37 灯光抑扬手法的运用

淡的效果，降低了视觉敏感度，从而达到控制的目的（图5-37）。

5.5.2.3 灯光的层次与平淡

灯光的层次是指利用光线的变化，形成具有渐变、起伏或交错韵律感的光环境。层次化的灯光设计有利于空间进深感的体现和视觉效果的丰富。灯光层次化手法与分区照明和局部照明有很大的区别。分区照明和局部照明的光效果有明确的区域性，而灯光的层次化手法则不提倡明显的区域化光环境，而以追求渐变、退韵效果为主，体现的是空间的含蓄和拓展感（图5-38）。灯光的层次处理主要用于特殊空间，例如视野开阔而又温馨浪漫的大厅、为体现场景效果的舞台等空间。

在办公室、会议室、一般性营业厅等场合则不需要特殊的氛围，因而宜采用均匀布光的形式，塑造轻松、平淡的效果，以灯光氛围的感染促进其功能价值的实现。

图5-38 具有层次感的光环境

5.5.2.4 灯光的虚与实

灯光的虚与实实际上是一种追求以虚为背景，以实为中心的手法。这种方法能够有效地突出主体，同时可以形成隐现相依的效果，使空间充满朦胧、幽邃之感，营造出令人遐想迭起的气氛（图5-39）。此种手法多以低照度的暖色漫射光作为环境照明，制造幽静的背景，局部以高照度的光源配合。作为局部使用的高照度光源如果选择漫射照明方式，则体现的是甜美感；而如果选用直接、半直接照明，尽管受照面具有明亮感，但从光环境的整体角度看，受照部位却在一定程度上富有神秘感。

5.5.2.5 灯光的流动与静止

流动与静止手法在灯光设计中的运用，既有

图5-39 充满虚实变化的光环境

图5-40 光影效果对界面装饰处理立体感的强化

绝对的意义，又有相对的意义。绝对意义的灯光流动是指利用各种变频、旋转等技术手段所创造的有变化的光环境。相对意义的灯光流动是指以不同组织形式所体现的灯光的动式或动态。

绝对意义的灯光流动主要用于舞厅、舞台、夜总会等娱乐场所。通过灯光的技术处理，产生流光溢彩、绚丽多姿的视觉效果，营造热烈奔放的氛围。相对意义的灯光流动适用于对一般空间的轻盈、活跃气氛的渲染，是对平静、安逸气氛的协调，例如酒吧、咖啡厅等休闲场所及酒店的休息区等空间的照明设计。

灯光的静止体现的是安定、平稳、静谧、祥和，适用于绝大多数空间的布光。

5.5.3 光影效果的利用和控制

光与影具有相互依存的关系，有光必有影，有

影必是有光。当物体受到光线照射时，其背光面自然产生光影。照明设计中，我们经常会用一些手法来削减光影，以免影子遮蔽需视物，影响正常的工作。例如，手术室所使用的无影灯。无影灯并非绝对的没有光影，而是通过巧妙地利用光影，将光影减小到难以察觉的程度。从艺术的角度，光影则是我们要创造和利用的一种现象，要通过这种现象来装饰空间、塑造物体形象。同时，也要对不良光影效果进行合理的控制。

5.5.3.1 光影的作用与利用

光影的作用首先体现在对意境的塑造。光影的意境是由光影效果引发的人们对某种自然场景的联想或主观的虚构。例如，在幽静、淡雅的暖色光下，惬意的人们时而轻语漫谈，时而抬手品茶，三三两两轻盈、舒缓的脚步牵着散落的修长身影渐渐飘去。看到这样的场景，人们就会想到黄昏的海滩，联想起悠闲自得的享受生活、感受大自然的

情景，顿时感到心情舒畅、轻松无比。这样的室内环境可以通过以中低照度漫射暖光作为环境铺垫，再以适合角度和照度的投光灯来制造光影的方法实现。适用于空间较大的休闲场所。

光影的利用还可以强调物体的轮廓和结构，起到塑造物体立体感的作用。当灯光的光强、照射距离、位置和方向等因素不同时，光影效果产生变化，物体就会呈现出明确与隐晦、清晰与黯淡、雄壮与平淡等不同形体特征（图5-40）。

5.5.3.2 光影的控制

在有些情况下，不当的光影效果会使人产生一些不好的感受。例如，狭长的走廊本身就具有一定的阴冷感，如果在照度不高、人流不大的情况下，光影强烈就使环境具有神秘感，甚至令人产生恐惧。因而，对光影利用要进行具体的分析，必要时应采取一定的控制手段削减光影效果。

5.5.3.3 影响光影效果的因素

光影的产生是很多因素共同作用的结果，不同的组合方式会产生不同的效果。

（1）光强

光强的差异会影响光影的明暗程度。在其他因素不变的情况下，光强越高，光影越暗；反之光强越低，光影越亮。而当某透射方向的光强消失时（即该方向不存在光源），则其对应方向的光影消失（即原光影处亮度与周边亮度相等）。

（2）光通量分布

光源光通量的分布范围影响光影的虚实程度。在其他因素不变的情况下，光通量分布范围越小，光影越清晰，例如投光灯效果；光通量分布范围越大，光影越模糊，例如泛光灯效果。

（3）照射距离

照射距离的不同影响光影的辐射面积。在其他因素不变的情况下，光源与被照物的距离越大，光影的辐射范围越小；光源与被照物的距离

越小，则光影的辐射范围越大。例如，在室内没有其他光源的情况下，当光源与被照物的距离减小到最小时，被照物背光面180°范围内趋于黑暗，可以理解为黑暗面积是被照物的阴影。

（4）照射角度

照射角度的差异影响光影的形状。在其他因素不变的情况下，光源位置的上下、左右、前后移动会产生不同的光影效果，尤其对不规则形体来说，这种效果更明显。

5.5.4 用照明手段创作装饰小品

通常情况的照明目的是以使用功能为主，以装饰作用为辅。为了美化室内环境，可以适当地进行以装饰作用为主的照明设计，使其成为装饰小品。室内设计中，经常需要在一些特殊位置设置装饰小品，增强空间的装饰性或分隔空间等。例如在大厅的入口或角落处设置景观，在走廊的转折处设置缓冲陈设品，以限定性低的形式进行空间的分隔等。这些装饰手法的效果如何，照明手段起着决定性的作用。

5.5.4.1 以照明手段为辅助的装饰小品

以照明手段为辅助的装饰小品是指以照明设施之外的其他装饰元素为主体，以照明为辅助手段的装饰小品。尽管从存在形式上看，此类装饰小品的存在不以灯光的开启与否为转移，即照明只是辅助手段，但如果没有灯光效果的参与，小品将黯淡失色，装饰效果大打折扣。相反，适宜的灯光效果使小品充满活力，达到令人愉悦的装饰作用。例如图5-41中，在空间的角落、宽敞的墙边，放置着普通的陶制器皿，其内插放数根略高的、光秃秃的干枝，如果没有特殊的灯光效果烘托与渲染，人们会误认为这是有创意的垃圾桶。但给予灯光效果的配合之后，"垃圾桶"顿

图5-41 灯光的参与增强了陈设品的装饰效果

时成了富有"文化"内涵的装饰小品，发散出古朴的田园光辉。

5.5.4.2 照明手段独立充当装饰小品

照明手段依靠的是光源、灯具及其组织形式。光源和灯具具有三维特征，是客观存在的实物形态。因而，照明手段可以以独立的形式存在，充当装饰小品，而且更具有独到的艺术效果。此类装饰小品主要是通过将灯具的形态进行夸张和演绎，同时可以组群的形式出现，形成具有适度三维尺度的小品躯壳，配以合适的光源，便形成不同效果的装饰小品。以照明手段独立存在的装饰小品用于空间的非限定性分隔具有很好的装饰性和实用价值。例如，可以采用半透明玻璃制作成具有一定高度的柱体作为灯罩，在其内部安设一定形式的光源，点光源、线光源皆可，将这种特殊的灯具以一定的形式加以排列，便会形成不同感觉的发光墙（图5-42）。

图5-42　具有空间限定作用的照明小品

延伸阅读：

1.李文华，《室内照明设计》，中国水利水电出版社，2007年9月出版。

2.施琪美，《装饰灯光效果设计》，江苏科学技术出版社，2001年4月出版。

思考题：

1.从光环境效果角度考虑，应采取怎样的设计程序？

2.当根据空间形态进行有差别的光环境设计时，需注意哪些问题？

3.抛开光效果因素，灯具的装饰性可以从哪些方面体现？

4.试选定一个空间，同时考虑使用功能和装饰性，进行照明设计的分析。

第6章　主要室内空间照明设计

6.1 住宅空间室内照明设计

住宅是居住空间的一种形式，是人们居住、生活的主要场所。随着经济的发展和生活方式的改变，人们对照明的要求已从满足基本使用功能，发展到对使用需求与精神需求的双重要求。因此，借助物质手段和技术条件，融汇一定的艺术内涵，创造使用与审美相结合的室内照明环境，促进居住环境整体质量的提高，是对当代住宅室内空间照明设计提出的全新要求。

6.1.1 住宅室内照明设计要点

6.1.1.1 准确的设计定位

进行室内照明设计首先要对住宅使用者的相关信息进行全面了解和认真分析，并作出准确的定位。要对使用者的主观意愿、经济投入计划进行了解。同时要对室内装饰风格、功能的设置、空间的组织、装饰点的设置、空间的不利因素等客观问题有足够的认识。然后综合考虑所有信息，进行相应的方案设计。

6.1.1.2 合理的照度设置

尽管一般情况下住宅空间面积不大，但其囊括了家人生活、学习、娱乐、交流、待客等各项日常所需功能。无论空间界定明确与否，都要结合室内设计的功能安排进行针对性的空间（区域）照度设计，确保照度符合特定功能的使用之需。同时，空间使用者的主观因素也是照度设置需要考虑的一个重要方面，主要是指使用者的视觉能力情况。例如，年龄引起的视力衰退，特殊工作造成的视力下降，疾病、伤残引起的视能降低等。

6.1.1.3 适宜的亮度分布

住宅空间亮度的分布既要考虑住宅的户型结构，又要考虑各空间的使用要求。从住宅照明亮度控制整体效果的角度，既不提倡平淡的照明设计，也要避免过于悬殊的亮度对比。照明亮度的平淡会使空间乏味而缺乏生气，不利于对使用者情绪的感染。而对于户型规整、简单的住宅来说，可以适当增大亮度对比，使空间具有一定的层次感。过大的亮度对比也不适于居住空间，尤其对于高层、小高层住宅来说，其户型结构往往变化丰富，空间水平方向错落性强，更要注意对其公共空间亮度对比的控制。

具体空间照度分布应结合不同的功能以及具体区域的细化功能要求来确定。同时从审美角度考虑，按空间的主次关系对不同空间进行适度的亮度搭配，形成一定的节奏感。

6.1.1.4 适当的光色应用

光源色调的不同不仅是表观色彩的差异，也有功能适用性的差别。住宅照明以暖色调为宜，容易形成融洽、温馨的居家气氛。对书房灯、台灯，光源的选择则要针对功能要求，多以冷色调光源为主。从整体光效果考虑，应适当使用中性色调或冷色调对大面积的暖色调进行调整。室内的装修效果是光源色确定的另一重要因素，要考虑光源色表与空间色彩的和谐，同时兼顾装饰界面的显色效果。

6.1.1.5 高性价比的灯具选择

住宅照明灯具的选择必须对其性价比进行考虑，即对灯具的光效、装饰效果、价格进行综合评定。灯具的光效是需要考虑的第一要素。灯具的形态、尺度、材质、色彩的综合审美，以及其与空间装饰效果的协调是灯具选择要分析的内容之一。此外，不可为追求外在的形式，而不顾造价，盲目扩大开支。

6.1.1.6 实现使用性与审美性的统一

良好的室内光环境既保证了正常的使用需求，同时也提高了环境的品质，进而提高了使用者的生活质量。住宅照明的使用性和审美性的统一是住宅照明设计的基本要求，也是最高要求。

6.1.1.7 绿色照明

通常情况下，住宅是人们接受人工照明时间最长的空间，是通过光源质量、光环境效果对人的身体健康构成威胁的最可能空间。因而，住宅照明设计要创造对人体伤害最小的绿色照明环境。一次性照明投入和后续投入的经济性也是绿色照明的考察内容之一。即照明设计要对材料费用、施工费用、后续维修费用、能源消耗等一并考虑。

6.1.2 门厅照明设计

6.1.2.1 照明设计综合分析

门厅是步入住宅的第一个功能空间，是室外与室内的过渡空间，也是整个住宅文化、品质的第一反映。作为过渡空间，门厅的照明环境应该显得亲切、温馨，以体现家庭的融洽和主人的热情好客。照明应根据装修内容、功能性物件、陈设品的布置进行组织。通常采用一般照明和局部照明结合的方式，从使用功能和装饰性角度进行设计。门厅宜采用暖色光源，形成空间的温暖感。光源照度不宜过高，要充分体现其处于明暗空间转换的特殊位置的特点。

6.1.2.2 门厅一般照明设计

门厅的一般照明是为整个门厅提供环境照明，并兼有一定的装饰照明作用。门厅的一般照明宜采用提供均匀照度的照明方式，照度值不宜过高。

灯具的选择和布置要附属于室内装修情况，通常以顶部供光灯具为主，且宜选择光通量分布角度较大的照明工具，例如筒灯、吸顶灯、吊线灯、反光灯槽、发光顶棚等。对于简单装修的门厅，通常可通过一盏主灯，或者根据面积采用多只筒灯来提供一般照明，既满足提供均匀照度的要求，又以简洁的照明组织方式实现了门厅过渡空间的作用（图6-1）。反光灯槽在门厅使用时，不可作为主光源，这是因为普通反光灯槽的光利

图6-1 以筒灯作为一般照明的简洁的门厅照明

用率低，要获得视线高度的适宜亮度，需要其达到很高的照度水平，这样容易在顶面形成反光灯槽光线辐射区域与其他区域的强对比，产生眩光效应。所以，反光灯槽宜作为主光源的辅助照明，或作为装饰照明使用（图6-2）。总体而言，门厅不宜采用过多的照明形式，最好不要超过两种，灯光效果的多样化会使门厅照明显得杂乱，并且给人喧宾夺主的感觉。

门厅一般照明光源以暖色调或暖白色调为宜，常用光源为荧光灯和低压卤素灯。

6.1.2.3 门厅局部照明设计

从照明目的看，门厅局部照明以重点照明为主，主要是对墙面造型、墙面挂画、陈设品、壁龛的照明，其作用是为装饰品增光添彩，同时起到视线引导的作用。门厅局部照明点不宜超过两个，否则会令局促的空间显得过于喧闹，破坏空间感。因为局部照明点的数量和位置的设置要与装饰内容结合，所以通常要求门厅设计不宜超过两个重点装饰部位。可作为门厅局部照明的灯具种类很多，对于一般门厅来说，主要以射灯、壁灯为主，也可以采用暗藏灯带的形式（图6-3）。

图6-2 采用反光灯槽作辅助照明的门厅

图6-3 利用射灯对门厅挂衣柜进行局部照明

光源选择主要是暖色调的卤素灯杯和暖白色荧光灯，当有壁灯存在时，可选择白炽灯。局部照明的照度要略高于一般照明（地灯除外），否则光效果将被一般照明埋没，而失去预期的装饰效果。

6.1.3 客厅照明设计

6.1.3.1 照明综合分析

客厅是居家生活的中心区域，也是待人接物的场所，是住宅中功能最为复杂的空间，具有多功能性。鉴于此，客厅照明设计要进行较为详细的功能细化分析，针对家人休息、交流、阅读、游戏、娱乐、对外接待等不同活动需求进行合理的照明布置。客厅照明既要体现祥和、融洽的氛围，又要具有一定的品位。从照明方式的设置，到灯具的选择，都要进行仔细推敲，将整体形式感、灯具的审美性、灯具的尺度感、光色搭配与空间装修效果协调考虑，避免断章取义、随意搭配。一般情况下，客厅照明需要采用混合照明的方式，将工作照明、环境照明、装饰照明相结合，使功能需求和光环境效果得到和谐统一。

6.1.3.2 客厅一般照明设计

客厅一般照明起到环境照明和一定的装饰照明作用。通常环境照明不需要过高的照度，但客厅是住宅的主要空间，为突出其主体地位，尽管作为环境照明，也要适当提高客厅的总体亮度，因而要求客厅具有较好的一般照明照度水平。客厅一般照明宜选用顶部或空间上部供光的照明工具，既可单独使用主照明，亦可采用主照明与其他辅助照明结合的方式（图6-4）。

（1）主照明灯具选择

客厅的主照明灯具可选择吸顶、吊灯或其他适宜的灯具。选择灯具时，要考虑灯具的审美

图6-4　采用混合照明方式的客厅

性以及灯具形态、材质、色彩与空间装饰效果的和谐。同时还要考虑灯具体量和安装方式与空间尺度的协调。不同安装方式和配光效果的灯具具有不同的供光效果，在确定灯具款式之前，应对灯具的光通量分布情况及光影效果与室内装饰风

图6-5　以抽象的现代灯具作为简约风格客厅的主照明

格的协调问题加以考虑。一般来说，客厅主照明是作为提供空间整体亮度的环境照明而存在，要求具有相对均匀的光分布，所以通常不宜选用光通量分布集中的照明灯具，否则将造成空间光线分布不均匀和顶部暗淡，破坏空间整体亮度感。但当环境需要时，也可选择具有一定特殊照明效果的灯具。如图6-5所示，该客厅采用了简约装饰风格，整体具有素雅之感，作为主照明的落地灯，不仅造型简洁、现代，与空间装饰格调相吻合，而且其光通量在上下两部分空间的分布使空间垂直方向产生一定的明暗变化，给空间增添了宁静、安逸之感；同时，又丝毫没有造成顶部空间的暗淡。吊灯，需注意其悬挂高度的合理性。通常至少应保证使用者在坐姿状态时的正常视听和交谈视线不受妨碍，同时还应考虑吊灯悬挂高度对眩光的影响。

（2）辅助照明方式

客厅一般照明的辅助照明可以通过筒灯、射灯、反光灯槽等来实现。筒灯、射灯属于光通量分布相对集中的灯具，有一定的亮度集中性。作为辅助照明灯具时，通常分布在顶棚的周边，能够在墙面产生一定的光晕，起到丰富视觉效果的作用（图6-6）。筒灯和射灯的布置方式根据不同的效果要求而定，可以采用均匀布置，也可以采用集中布置。反光灯槽可以为顶棚的局部位置提高亮度，降低顶棚的阴影。但当选用追求顶棚光晕效果的主照明灯具时，应控制反光灯槽的照度和光线辐射面积，以免破坏顶棚光晕效果。

（3）光源选择

客厅一般照明宜采用暖白光或暖色光，将其结合使用效果更佳。因为主照明照度相对较高，而高照度的暖光容易令人不适，所以主照明宜选用暖白光。光源的选择要考虑全部启动时空间的光环境效果，既要体现出光源的主次关系，又要具有较好的视觉效果。通常光源可选用荧光灯、

图6-6 具有丰富光效的客厅辅助照明

白炽灯、低压卤素灯、LED灯。

6.1.3.3 客厅局部照明设计

客厅局部照明既有工作照明（明视照明），又有装饰照明。工作照明主要是指为在沙发阅读提供的照明，通常采用落地灯和台灯。从使用功能角度考虑，落地灯、台灯宜选择有遮光罩的款式，可以获得更好的照明效果。选择时还要考虑遮光罩底口距地高度和照度水平。遮光罩底口距地高度（台灯遮光罩底口高度以其与承载物叠加后的总高度计算）不应低于使用者坐姿时眼睛的高度，照度一般为300～500lx，宜选用暖白色光源。落地灯、台灯的选择还应考虑灯具审美性与环境的协调，以及投光效果的装饰性，尤其是投光效果丰富的落地灯。

客厅的装饰照明主要是对墙面挂画、影视墙、装饰小品、主要陈设品等空间装饰点的照明，以及为烘托气氛的照明。进行装饰点照明的灯具大多采用射灯和筒灯，也有部分的反光灯槽等形式（图6-7）。烘托气氛的照明灯具可以选择观赏性强的可移动落地灯，既作为陈设品，又可

图6-7 对客厅装饰画的局部照明

图6-8 住宅餐厅混合照明效果

以利用其特殊光效。例如具有较好观感效果，采用复合光源的落地灯。此类落地灯大都采用可调控光开关，可调整光源的开启数量和光线的投射方向，能产生丰富多变的光效果。

6.1.3.4 客厅整体光环境的控制

一般情况下，客厅照明采用较多的照明手段和较多数量的光源，所以容易造成光环境失调，因此设计时需要注意一些相关问题。

首先要对全部光源的照度进行控制，使不同功用和类别的光源存在一定的照度差别，形成主次分明的效果。其次要利用灯具光通量分布的差异，形成虚实结合的光环境。再次，要考虑光源的分布在空间高度上的层次感，避免平面式的布灯方式。最后，适度进行点、线、面光源的结合，增添空间的形式美。

6.1.4 餐厅、厨房照明设计

6.1.4.1 照明综合分析

住宅餐厅是以就餐为主要功能目的的空间，

有时兼有吧台等附属功能点的设置。针对就餐环境的特点，餐厅要具有恬静、温馨的光环境，以体现就餐气氛的融洽，同时有助于提高饭菜的观感效果。因而，照度与显色要求是就餐区域照明设计的重中之重。住宅餐厅照明通常采用一般照明和局部照明结合的方法，满足不同功能点的功能之需，形成具有亮度变化的光环境（图6-8）。

厨房是操作区域，照明设计主要为满足操作行为的明视需求。对于空间独立性不强的厨房，例如开敞式厨房，应将其照明设计与餐厅空间的照明统筹考虑，以强调厨房与餐厅的关联性，但不应忽略操作照明的重要性。

6.1.4.2 餐厅、厨房一般照明设计

住宅餐厅的一般照明是为餐厅提供环境照

明，要求光线柔和、亮度适中。住宅餐厅一般照明通常不设置主照明，主要是利用射灯、筒灯、反光灯槽等顶部供光形式或壁灯为空间提供整体亮度，使空间显得明净、清爽。根据空间面积和装修力度的不同，住宅餐厅的一般照明是可有可无的。尤其当装修不做吊顶时，由于不存在常用一般照明灯具的可操作性承载面，所以常被忽略。而空间面积过小的情况下，可以直接利用作为重点照明的餐桌局部照明提供一般照明。

厨房的一般照明需要有足够的照度，以提高整个空间的亮度，确保工作的便捷与安全性。厨房一般照明通常以吸顶灯和防雾筒灯为主，不宜采用光源裸露式灯具，以防止因水汽侵蚀而发生危险和因油烟的污染而难以清理。当一般照明不能满足操作台位置的照明时，应采取局部照明的形式进行照度的补给。

6.1.4.3 餐厅、厨房局部照明设计

住宅餐厅的局部照明包括对餐桌进行的重点照明，也包括对装饰画、陈设品、吧台等所进行的装饰照明。餐桌是餐厅的视觉中心，餐桌照明灯具的选择要集功能性、装饰性于一体，从灯具的体量、形态、材质等方面体现其在空间中的主体地位，并通过适宜的光源选择实现其功能价值。因为餐桌的照明灯具具有空间位置确定性强的特点，即通常设在餐桌正上方，所以宜选用具有一定高度的垂吊式灯具，既利于光线照射针对性的体现，又可以使灯具与餐桌产生视觉上的完形性，增强区域感。但餐桌灯的悬挂高度不宜低于800mm，否则会遮挡视线。餐桌照明灯具应选择照度为100lx左右的显色性好的暖白色光源，或以暖白色光源与暖色光源相结合，以增强菜品的鲜嫩感，唤起用餐者的食欲。

餐厅局部的装饰照明灯具通常以射灯为主，起到为餐厅增添层次感、渲染气氛的作用。

厨房的局部照明通常设在操作台的上方，可采用有遮光板的灯具，或与吊柜结合，隐藏于吊柜之内，以减少眩光。光源宜采用亮度均匀性较好的线光源。

6.1.5 卧室照明设计

6.1.5.1 照明综合分析

卧室是家居空间中以供人休憩和睡眠为主要功能的场所。根据住宅整体功能空间的设置情况，以及使用者年龄、兴趣爱好等差异，还应考虑相应的附属功能。因而，在某些情况下，卧室具有一定的功能兼容性特点。卧室照明设计要对不同功能需求进行妥善考虑，协调处理，塑造以舒缓、安静气氛为主的照明环境。因卧室通常需要考虑不同附属功能，所以照明宜采用混合照明方式。

6.1.5.2 卧室一般照明设计

卧室一般照明是作为环境照明使用，通常在组织方法方面不受使用者年龄差异的影响，具有一定的共性特点。卧室中，宜在顶棚的中心位置设置主照明，在周边位置根据装修效果的需要设置反光灯槽、筒灯、射灯等其他常用辅助照明工具，以形成丰富的光效果，增加空间的装饰感。

图6-9 采用混合照明方式的卧室一般照明

因为卧室一般照明主要是作为环境照明存在，所以也可以不设主光源，仅靠其他照明手段提供一般照明，但需要吊顶或进行局部吊顶处理。图6-9中的卧室便未设主灯具，吊顶上的散布的射灯和反光灯槽内暗藏的荧光灯承担了一般照明。此种做法具有简洁明了的视觉效果，同时也有利于节约开支，常在现代简约风格住宅空间中使用。

对于设置主灯具的空间来说，灯具成为房间的视觉中心，要对其审美性和光效进行考虑，宜选用光线分布均匀的吸顶灯或垂吊式灯具。为了增添空间的艺术氛围，可以选择顶棚光影效果好的灯具。灯具的材质和色彩要以空间的装修风格而定，考虑与装修所用材料、色彩的协调。例如，在粉色调的卧室中，可以选择浅紫色的贝壳灯，使灯具色彩与装修浑然成为一体，而灯光下影影绰绰的光影又会给空间带来浪漫情调。选用垂吊式灯具时，要注意灯具体量和下垂高度的合理性，以避免给人造成不安全感和压迫感。

卧室辅助一般照明起到对主照明的衬托和适应不时之需的作用，但通常以装饰效果为侧重点。人在卧室内以仰视姿态为主，在灯具选择和位置设置时要注意对眩光的控制，尤其是头部上空的辅助照明，宜采用间接式照明工具或有滤光罩的照明灯具。

卧室一般照明光源的选择以暖色调为宜，能够塑造安静的空间氛围，容易使人入睡。光照度一般不宜太高，否则容易使人兴奋。但老年人因视力衰退，所以其卧室照度要适当提高。在卧室一般照明光源色彩的选择上，要适当考虑使用者年龄的差异。例如，儿童房可酌情选用少量的淡黄色、淡粉色、淡绿色等具有一定色彩倾向的辅助照明光源，体现活泼烂漫的气氛。

6.1.5.3 卧室局部照明设计

通常情况下，卧室不宜设置过多的局部照

图6-10　卧室局部照明的应用

明，否则繁杂的灯光环境将破坏卧室安静、平和的气氛。卧室局部照明主要是对主墙面造型、墙面挂画的装饰照明和满足不同附属功能需求的功能性照明（图6-10）。卧室局部装饰照明不宜采用过高的照度，灯具以筒灯、射灯、反光灯槽为主，主墙面的装饰照明宜采用暗藏式灯带，既不会造成眩光，又具有塑造装饰造型体积感的作用。

老年人卧室功能相对单一，通常也不需要额外的氛围追求，其局部照明主要以环境照明为主。例如，老年人往往有起夜的习惯，为适应这种需要，也为缓解突然开启主照明所造成的视觉不适，可以在老年人的卧室内设置低照度的长明灯，如光线柔和的地角灯、半直接照明型落地灯等。中青年人卧室的局部功能性照明主要是考虑阅读和化妆的需要。一般可采用台灯、床头灯、镜前灯。光源颜色以暖白色为宜，照度应符合功能需要。儿童卧室大多更具有功能的兼容性，其局部照明主要考虑游戏、娱乐、学习的需要。当一般照明可以满足游戏、娱乐之需时，可以重点考虑学习时的局部照

图6-11 高雅、幽静的书房照明环境

明，通常采用台灯或眩光控制效果好的暗藏灯具。

6.1.5.4 卧室整体光环境的控制

卧室是以睡眠为主的空间，必须做到空间氛围的宁静、舒缓，在进行相对复杂的卧室照明设计时，始终不能脱离这条主线，必须对空间照度和光环境的层次性加以严格控制，不可因盲目地追求装饰效果而违背设计的初衷。

6.1.6 书房照明设计

6.1.6.1 照明综合分析

书房是进行阅读、学习等活动的场所，要求具有高雅、幽静，能使人心情平静的环境。书房布光时，要协调一般照明和局部照明的关系，注重整体光线的柔和、亮度的适中，不宜形成过于悬殊的明暗变化，以免加速人的视觉疲劳（图6-11）。

6.1.6.2 书房一般照明设计

书房的一般照明既为保障环境照明要求，也是为了形成空间亮度与局部亮度的调和，促进光环境质量。书房的一般照明通常只以一盏中心照明灯具为主，不宜采用过多的辅助照明，否则会使空间显得凌乱，不利于人情绪的平静，而影响工作、学习效率。另外，书房一般不过分地追求装饰性，所以也不必设置复杂的一般照明。也可以不设主照明，仅采用一定组织形式的反光灯槽、筒灯、射灯等灯具作环境照明。

6.1.6.3 书房局部照明设计

从使用功能来看，书房局部照明的利用率要更大一些，所以在设计中要予以适当侧重。书房局部照明主要包括书桌上的工作照明和必要的书橱重点照明、装饰画照明，以及面积较大书房的休息区照明等。书房其他局部照明的设置要视空间的面积而定，小面积书房不宜采用过多的装饰照明，以免分散工作时的注意力；对于面积较大的书房，则可以适当进行设置。

工作灯宜选择可任意调节方向的定向照明灯具，通常摆放在书桌的左上方，有利于为阅读和写作等工作提供良好的光照，同时宜选择照度为300～500lx的暖白色光源。书橱前的重点照明可以起到明视作用，方便书籍的存取，同时也可以作为书橱内陈设品的装饰照明。此种照明应与书桌保持一定的水平距离，以免对工作区产生眩光。当书橱在书桌的背后，且距离较近时，不宜在此设置局部照明。休息区的设置根据书房空间情况而定，其照明设置宜淡雅、平和，以便使用者工作疲劳时，可以在舒缓、轻松的光环境中放松。

6.1.7 卫生间照明设计

就一般住宅来说，卫生间通常具有洗漱、洗浴、如厕功能，因此照明设计要考虑不同行为所需，可以采用一般照明与局部照明相结合的方式。因洗手间属于湿环境，所以要求有较好的照度水平，以免发生意外。

卫生间一般照明灯具通常采用磨砂玻璃罩或亚克力罩吸顶灯，也可采用防水筒灯，以阻止水汽侵入，避免危险的发生。一般照明灯具通常设置一盏，对于将洗漱区独立设置的卫生间，应配合分区情况加设灯具。

卫生间的局部照明主要是洗漱区照明。通常情况下可在洗漱区设置镜前灯，也可以在镜子上方设置反光灯槽或箱式照明。镜前灯应安放在镜子上方视野60°立体角以外的位置，其灯光应投向人的面部，而不应投向镜面，以免产生眩光。通常镜前灯选择具有滤光罩的防水型灯具，且要配以显色性好、照度高的暖白色光源。

现今，人们对生活质量的要求不断提高，住宅卫生间的面积较以前有所增大，卫生间的装修设计也越来越具有装饰性。因此，卫生间可以结合一定的装饰效果进行适当的装饰照明。图6-12

图6-12 卫生间照明

中的案例在梳妆镜的上下均设置了暗藏荧光灯，既可以为梳洗区提供一般照明，同时也具有很好的装饰效果。但选用此种做法时，梳妆镜前最好还有其他照明设施，否则当暗藏灯照度过高时，或梳妆镜上方暗藏灯的有效光通量小于下方暗藏灯的光通量时，容易造成眩光。

卫生间光源的选择通常以暖白色光源为宜，便于创造干净、明亮的环境。

图6-13 具有景观效果的楼梯照明

6.1.8 走廊、楼梯间照明设计

走廊及楼梯间的照明通常以满足最基本的功能要求为目的，通常采用筒灯、射灯、反光灯槽等照明工具。在有些情况下，为了调整走廊给人的不适感，可以采用特殊照明效果加以改善。在一般住宅条件下，楼梯间是难得的挑高空间，因此可以通过综合照明手段做一定的渲染处理，使其成为住宅的一处景观。例如，选用形式感强的主灯制造一定的气势，同时配以点式或线式辅助照明，增强空间的装饰性（图6-13）。

6.2 办公空间室内照明设计

随着经济的发展和经营管理模式的变化，现代办公环境逐渐呈现出多态势状况。这也使得人们对办公空间室内环境行为模式的认识，从观念上不断丰富、更新。

从使用性质来看，现代办公空间基本可分为供机关、企事业单位使用的行政类办公空间，供具有营业性质的单位使用的专业类办公空间，集商、住、餐饮、娱乐为一体的综合类办公空间三大类。尽管各类办公空间具有一定的行业特点，但从使用功能角度看，基本具有相同的空间组成。通常情况下，办公场所的室内空间包括集体办公空间、单元办公空间、个人办公空间、会议办公空间以及有其他特殊功能的办公空间和公共空间。一般的办公场所至少包含了其中的两个空间，而对于大中型办公场所而言，基本包含了以上所有空间。

6.2.1 办公空间室内照明设计要点

办公空间是进行长时间视觉作业的场所，其室内照明是为长时间的视觉作业提供明视照明。办公空间室内照明是室内环境质量的重要组成部分，是影响办公人员的工作效率和身心健康的重要因素之一。因而，办公空间室内照明设计既要保障工作面的照明需求，又要考虑整个室内空间光环境的舒适性和一定的美观性。

6.2.1.1 准确的功能分析

不同的办公性质有不同的照明要求，对办公空间工作性质的定位是照明设计的首要工作。在进行具体设计前，要对办公空间照明的目的有充分的认识，应考虑到合理的照明不仅要兼顾视觉作用之需，同时要兼顾照明效果对办公人员精神状态的影响。

6.2.1.2 合理的照度水平

办公空间应保持较高的照度，高亮度的工作

环境不仅可以满足长时间案头工作的照明之需，同时也会因增加室内的照度与亮度而使空间产生开敞、明亮感，有利于提高办公人员的工作效率。照度水平的确定应根据不同的作业内容而定。通常情况下，进行一般作业的办公桌上，推荐照度为750lx；对于精细作业环境，在因太阳光的影响而使室内感到较暗时，桌面上的推荐照度为1500lx。有些情况下，为了延长视觉疲劳的产生时间和获得良好的心理感受，可以适度提高照度。

6.2.1.3 适宜的亮度分布

亮度分布的适宜性是照明设计的基本要求之一，而对于从事视觉工作的办公空间，这一要求更为重要。一般情况下，办公空间需要通过在顶棚上设置相对均匀的光源来为空间提供一般照明，使工作面上得到均匀的照度，并且可以适应灵活的平面布局和不同的办公分隔形式。为了明确视觉中心，便于工作人员注意力的集中，同时也为了节约能源，通常将工作区域照明和环境照明进行适当的亮度区分，即使环境照明略低于工作区域的照明。当一般照明无法给工作面提供充足的亮度，或当满足工作面亮度要求的一般照明不利于形成空间适宜的亮度分布时，要采取局部照明方式对工作面进行针对性的亮度补给。

6.2.1.4 合理的眩光控制

眩光现象的控制对视觉工作环境来说更为重要，办公空间照明设计应从多方面采取措施将眩光减少到最低程度。首先要从照明方式和照明工具的选择上入手。采用反光灯槽、发光顶棚等间接照明方式或具有柔和的漫射光的照明方式，可以有效地减少眩光。也可以直接选择半直接型或漫反射型灯具进行照明，以提高顶棚的亮度，降低空间垂直方向上的亮度对比，能够达到适度抑制眩光的效果。在灯具选择时，还要注意选择达

到规定要求的保护角的灯具。对灯具悬挂的最低高度要进行一定的限制，避免灯具悬挂过高而产生眩光。

6.2.1.5 适宜的灯具与布置

灯具的选择与布置是对空间亮度分布、眩光控制的保障，也是影响空间审美的主要因素，而对于现代办公环境，灯具的配光效果和布置位置尤为重要。数字化时代的办公特点是改变了传统的办公习惯，办公室工作的视线方向由原来的与桌案垂直，变为与电脑屏幕的近乎垂直状态。视线方向的变化，以及灯具、窗户等发光体在屏幕上产生的影像对视觉的干扰等情况，都对灯具的配光特性和室内亮度分布提出了新的要求。针对这种变化，办公室照明设计要考虑从灯具的配光方式和位置的设定方面采取相应的变化。对工作区域尽量选择发光点大、光照面大的灯具，对于亮度分布要求高的空间，尤其是电脑等反光性强的物品较多的情况下，可以根据经济情况考虑间接照明方式。

6.2.1.6 绿色办公照明要求

自然光是对人体健康最有利的光，同时，自然光照明的利用可以减少对人工照明的需要，降低能耗。因而，充分利用自然光照明、合理控制人工照明是创造绿色办公照明环境的有效措施。自然光的利用主要与建筑构造、建筑材料、建筑朝向等因素有关，人工照明的控制有很多方法，其目的都是做到在室内自然光充足情况下以合理的方式减少人工照明的使用。例如通过采用时钟控制器来实现的可预知时间表控制，通过采用人员动静探测器来实现的不可预知时间表控制，通过采用光敏传感器来实现的亮度平衡控制，通过采用光敏传感器与调光控制相结合合来实现的维持光通量控制等方法。

6.2.2 集中办公空间照明设计

所谓的集中办公空间，是指许多人共用的大面积办公空间。集中办公是一种资源占用少、能源消耗低的办公方式。集中办公空间经常按部门或按工作的差异进行机动灵活的组团划分，也可借助办公家具或隔板分隔成限定性低的小空间。通常情况下，集中办公空间以工作人员的独立办公为主，在正常工作空间内较少考虑交流、讨论活动，若工作类型需要经常性交流、讨论，则应另分区设置。

针对集中办公空间的组成及办公特点，要求其照明设计能够保障在任何平面布局形式下都可以为工作面提供适宜的照度和均匀的亮度分布。集中办公空间的光环境可以根据总体质量要求进行设计。对于普通集中办公空间，通常要求照度均匀、照明质量适中、灯具不醒目、眩光要求一般，且通常采用手动控制；而对于高档集中办公空间，通常要求照度均匀，除采用直接照明灯具外，还经常采用间接照明灯具，对眩光要求较高，并采用与自然采光相配合的照明控制系统。

通常情况下，集中办公空间的工作区域照度水平应为500～1000lx，照度均匀度应大于0.8；非工作区域照度不应小于工作区域的50%，且最低不低于350lx。集中办公空间应选择色温在3500～4100K之间的光源，显色指数Ra应大于80。

集中办公空间照明通常包括一般照明和局部照明。一般照明主要是提供空间整体照明，普通办公空间通常可采用格栅灯或二次漫反射型专业办公照明灯具，其形式有嵌入式、悬吊式两种，光源通常采用荧光灯（图6-14）。高档集中办公空间还可以选择反光灯槽、发光顶棚等照明方式，以更大限度地减少眩光（图6-15）。为对办公区域和通过区域进行一定的空间界定，同时也

图6-14　简洁、明快的办公空间照明

为形成光亮度的一定差别，可以采取分区一般照明形式，即通过区域与办公区域可采用不同的照明灯具。通过区域的眩光要求可以适当降低，因

图6-15　采用间接照明方式的办公空间照明

而灯具的可选择性较大，例如格栅灯、筒灯等，但要考虑灯具眩光对就近办公区的影响。

集中办公空间的局部照明主要是对工作面的照明，而当一般照明能够满足工作面照度要求时，则无需设置局部照明。局部照明灯具要求光线柔和、亮度适中，可选悬吊式漫反射灯具或台灯等。

6.2.3 单元办公空间照明设计

所谓的单元办公空间，是指供几个人使用的空间限定性较高的独立办公空间。单元办公空间具有一定的抗干扰性和私密性，往往以同部门工作人员为使用对象，便于同事间的业务交流。单元办公空间通常设有工作区和接待区。

单元办公空间的照明应根据空间使用功能的具体安排而定。一般要求照度均匀一致，并确保照度水平符合工作所需。通常情况下，单元办公空间的总体照度水平应为250～500 lx，工作区域照度应在500～750lx之间，且照度均匀度应大于0.8。单元办公空间应选择色温在3500～4100K之间的光源，显色指数 R_a 应大于80。

就设有接待区的单元办公空间来说，其整体照明设计应将办公照明要求与适度的装饰性结合起来，通过光环境效果渲染空间氛围，这不仅有利于工作人员保持良好的精神状态，同时也便于使外来业务人员感受到受访单位的企业形象。此类办公空间照明通常可采用一般照明或混合照明方式（图6-16）。一般照明主要设置在工作区域，通常情况下，因此类办公空间面积适中，且工作面位置确定，便于灯具的定位设置，所以一般照明能够满足工作面照度要求。一般照明选用的灯具通常以格栅灯和漫反射型专业办公照明灯具为主。对接待区可采用分区一般照明的方式，

图6-16 采用混合照明的单元办公空间照明

可以根据档次要求选择筒灯、反光灯槽等照明工具，既可以形成与工作区域的光环境差异，也便于空间品质的体现。另外，可结合一定的陈设品对局部空间进行重点照明。但对接待区域光环境的装饰程度要适度把握，不能脱离办公空间的大环境要求。

6.2.4 个人办公空间照明设计

个人办公空间是单元办公空间一种特殊形式，是指供一个人独自使用的单元办公空间。个人办公室功能设置的差别应根据使用者的职务、企业性质、装修标准而定。通常情况下应具有工作区和接待区（兼休息区），对于豪华个人办公空间可另设休息区、休闲区等功能区域。

就相对豪华的个人办公空间来说，照明设计总体要求具有一定的装饰效果和艺术氛围，同时要

求工作区域具有较高的照明质量。个人办公空间照明主要是强调整体照明的组织形式、各功能分区的照度设置关系、空间的整体亮度分布、照明灯具的光效果搭配、灯具的装饰性等问题。因此，此类空间通常需要采用混合照明方式（图6-17）。

图6-17 采用混合照明的个人办公空间照明

个人办公空间一般照明主要是起到环境照明的作用，要求相对不高，通常选用筒灯作为照明灯具，宜选择暖白色光源。局部照明的设置是个人办公空间照明设计的重点，应对不同功能空间进行区别对待。工作区是办公室的主要区域，要求有较高的照度、均匀的亮度分布和很好的显色性等照明质量要素，同时也要求有很好的装饰

图6-18 明亮的环境照明使工作区域明确而突出

效果。此要求不仅是为了保障工作之需，同时也是为制造视觉中心，突出区域的主体地位（图6-18）。工作区照明工具的选择要根据照明效果、空间的装饰风格和空间使用者的个人爱好而定。通常可采用发光顶棚、反光灯槽、吸顶灯、吊灯等类型的照明工具，并应择其一二结合使用，以求得不同照明类型灯具光效果的互补，以减少眩光、促进亮度均匀分布，同时可获得丰富的视觉效果。当选用吊灯作为主照明时，应根据灯具的特性考虑加设筒灯作为辅助照明，以消除某些吊灯因追求装饰性而产生的光斑。工作区域宜选择显色性好的暖白色光源。个人办公空间其他附属区域应采用局部照明或分区一般照明。灯具的选择及配光效果应与工作区域有所区别，并侧重于氛围的营造。对于休息区和休闲区应考虑局部照明的照度，以方便阅读之需。

6.2.5 会议空间照明设计

所谓的会议空间，是指工作人员进行交流、讨论、沟通、开会的空间。会议空间的功能主要以工作人员之间的交流、讲座、会议等为主，通常根据工作人员的数量、使用频率等因素而定，复杂型办公场所可进行空间的独立设置。

从照明质量方面来看，普通会议空间通常要求有均匀的照度和对演示区域的重点照明。而在高档或功能兼容性强的会议空间则需要相对复杂的照明设计，但重点是工作区域。通常情况下，会议空间的工作区域照度应为500～750lx之间，照度均匀度应大于0.8，宜选择色温在3500～4100K之间的光源，显色指数R_a应大于80。从环境效果角度来看，会议空间照明应具备一定的装饰性，并能够营造平静、舒缓的空间氛围。

会议空间一般采用分区照明和局部照明相结

图6-19 重点突出的会议室照明

合的照明方式。作为重点区域，工作区应保持均匀的照度，同时应保证与会者面部照度的充足，以便于与会者互相之间能够清楚地看到对方的表情（图6-19、图6-20）。工作区周边的通过区

图6-20 亮度分布合理的会议室照明

域通常采用一般照明方式，不要求过高的照度，只为起到环境照明的作用和一定的氛围营造作用。现代会议空间大都设有视频系统，因此，照明设计要考虑对视频效果的影响。通常视频播放时需要空间处于较低的亮度状态才能达到清晰的效果，而这会对与会人员记录资料造成不便。因此，要考虑采用窄照型灯具对工作区进行局部照明，既满足书写之需，又不会对视频播放效果产生很大影响。对会议过程中需要徒手演示或讲解的情况来说，应对演示区进行较高照度的局部照明，以起到明视和视觉引导作用。另外，会议空间应根据室内设计效果进行一些装饰性的局部照明。

6.2.6 其他办公空间照明设计

在办公空间中，除常规功能之外，往往需要根据不同的工作性质设置相关的专业性办公空间。例如绘图室、资料室、档案室、调度室、机房等功能空间。对于此类专业性功能空间，其照明设计大都以满足使用功能为主，通常需要符合专业作业要求的照度水平、均匀的亮度分布以及较好的光源显色性等。照明设计应视具体的功能要求和相关的功能设施情况而定。

6.2.7 公共空间照明设计

所谓的公共空间，是指供人员走动的通道、连接相邻区域的通道，以及接待、等待和展示空间等。例如，大堂（门厅）、电梯间、楼梯间、走廊、接待前台、等候区等。

公共空间既是具有独立功能的空间，不同区域之间的过渡空间，又是"窗口"空间。公共空间照明设计应符合相应的照明质量要求，同时应酌情对光环境进行一定的艺术处理，以展示企业

图6-21 明快、大气的办公空间大厅照明

图6-22 照度适中、组织方式灵活的办公空间大厅照明

的优越性。通常情况下，办公场所公共空间照明的总体照度水平应为150～300lx，应选择色温为2700～6500K之间的光源，显色指数R_a应大于80。因公共空间可以追求一定的装饰效果，灯具的形式和布光效果具有一定的复杂性，所以不强调照度的均匀性，但应注意空间亮度的明显变化对人的视觉产生的不适。

办公场所公共空间的照明设计可以采取各种不同的照明方式，处理力度可轻可重，在灯具类型的选择及灯具配光方式的选择方面有较大空间。尽管如此，但具体的搭配方式和总体效果要有一个合理的定位和控制，应体现办公空间理性、稳健的特点，而不应具有过于喧闹、夸张，甚至奢华之感（图6-21、图6-22）。

6.3 商业空间室内照明设计

随着社会的进步、经济的发展、人们消费意识和文化水平的提高，商业活动成为日常生活的重要组成部分。购物已不再是为获得商品的纯粹商业行为，而更是为获得对购物过程的体验和享受的一种独特的休闲方式。因此，在市场竞争激烈的大环境下，商业空间的环境质量成为赢得消费者的一个重要条件。

随着人们观念和购物行为的变化，商业空间出现了不同的发展方向。一种是向综合方向发展，其建筑面积较大，商品种类齐全、品种丰富，往往设有餐饮、休闲娱乐等附属空间；另一种是向专卖方向发展，通常以经营同品牌产品或同类产品为主，往往面积适中、装修高档。无论什么类型的商业空间，其目的都是为消费者提供一个良好的购物环境，并最大限度地展示商品、引导和刺激消费。就室内照明设计来说，不同类型商业空间的照明具有很大的共性特点，只是在具体设计时要根据个体差异进行相应的针对处理。

6.3.1 商业空间室内照明设计要点

商业行为有主动性消费和被动性消费两种消

费方式。主动性消费是消费者有计划的消费行为，对这种消费行为的竞争是同类产品之间在品质和展示效果的竞争；而被动性消费是消费者偶然、随机的消费行为，这种消费行为的发生很大程度上是商品展示效果与消费者心理的抗争。因此，商业空间室内照明要妥善处理购物环境氛围、商品的正常展示和刺激消费欲望的关系。

6.3.1.1 准确的照明目的定位

鉴于购物行为及消费心理的特殊性，商业空间照明设计必须结合一定的市场行为分析和营销策略，使照明充分发挥其基础功能之外的更大作用。首先要求照明能使特定商业空间从繁华的街区或集中购物场所的视觉环境中凸显出来，发挥吸引顾客视线的作用。照明应具有塑造商品品牌形象，体现商品的品牌文化的作用，同时要能够进一步提升商品的价值感，以刺激消费者的购买欲望。合理的商业空间照明设计应具有良好的导向作用，以利于顾客购物行为的顺利、便捷。照明设计要适应不同季节、时段的营销行为的特殊需要，最大限度地发挥照明的商业目的。具有良好空间氛围的照明环境更是赢得消费者长时间逗留和再度光顾不可或缺的手段。

6.3.1.2 适宜的照明方式

照明方式的选择与搭配是形成商业空间光环境的节奏和空间氛围的基础，通常要从光环境的整体氛围、空间组织、流线引导、商品展示、装饰效果等多角度进行综合分析、合理组织。一般情况下，大多数商业空间都需要采用混合照明方式，以满足不同功用的照明需求。

6.3.1.3 合理的照度水平

商业空间的照度设置是获得商品良好视觉效果的保障，应该综合考虑环境因素及不同材质商品的光反射特性，甚至商品的不同色彩对照度的要求。商业空间的规模、营销方式的差异也对照度提出了不同的要求。我国2004年颁布的《建筑照明设计标准》（GB 50034—2004）中给出了商店照明的标准，作为基本要求的推荐数值。其中要求一般商店营业厅和一般超市营业厅的水平面照度应为300lx，高档商店营业厅、高档超市营业厅水平面照度，以及商业空间的收款台面照度应是500lx。这些推荐值相当于最低保证，设计时应根据实际情况适当提高照度，以提供更佳照明效果。同时，应该对同一商业空间内的不同功能区域进行合理的照度搭配。通常，商业空间的流通区、销售区和重点展示区的照度比例以1:1.5:3为基本比例关系。

6.3.1.4 适当的亮度分布

商业空间照明采用的照明方式复杂，且为体现区域界定效果而经常需要对相邻区域采取亮度变化手段。同时，因不同商品具有不同的光反射特性，为了获得商品表面的较好亮度，需要针对商品的特性采用相应的照度水平，这也会造成空间亮度分布的不均匀。但购物是一个连续的行为过程，尤其是在综合性商业空间购物时，往往需要穿梭于不同门类的购物区域之间，这种空间亮度不均匀的现象，在短时间内就会引起消费者的视觉疲劳，这既不符合照明设计以人为本的宗旨，也会促使消费者因身体不适而过早地离开购物场所，从而使商场蒙受经济损失。因此，如何解决满足不同商品的表面亮度要求与达到视场光环境相对均匀的亮度分布之间的矛盾，是商业空间室内照明设计的难点，需要设计师在设计中妥善处理。

6.3.1.5 合理的眩光控制

为了保障不同的照明需求，商业空间往往采用种类繁多的照明灯具，这些灯具既存在配光效果的差异，也因特殊照明需要而出现不同的安装高度和位置，因此很容易产生眩光。为最大限度地减少眩光，有条件的情况下可以考虑对一般照明采用间接照明方式，普通的灯具可尽量选择宽照型灯具。而对重点照明应采用的窄照型灯具，在无法替换的情况下，要合理考虑其安装位置、安装高度和角度。当眩光不可避免时，应使其发生在人们快速通过的位置，而不应发生在长时间停留的部位。

6.3.1.6 适宜的光源显色性

商业空间是展示和销售商品的空间，商品的固有品质自然重要，而光对商品的体现效果更为重要。显色性好的光源能使商品的质感强、色彩饱和，有利于提高产品的观感效果。通常，商业空间的照明光源显色指数R_a应大于80。

6.3.1.7 可靠的应急照明和疏散指示设计

商业空间往往是人员密集的场所，为保障正常供电出现故障时能够继续提供照明，应设置可靠的应急照明系统。应急照明不仅可以提供供电故障发生时的照明需求，同时有利于缓解或消除意外发生时人们的恐慌，以便顺利组织紧急撤离。大型商业空间往往面积大、空间结构复杂，为防止意外发生时人们没有明确的撤离方向，应在相关位置设置明显的疏散指示标识。

6.3.2 橱窗照明设计

橱窗是商业空间代表性商品的对外展示区。所谓代表性，是指橱窗内陈列的商品代表了所销售商品的种类、档次、品位等。因而橱窗设计效果至关重要，通常要通过陈列方式设计、照明效果共同渲染产品的品质，以刺激消费者对其产生兴趣。

橱窗照明需要强烈的视觉冲击力和对商品特点的准确体现，通常采用一般照明和局部照明相结合的照明方法。橱窗的一般照明要求具有均匀

图6-23 橱窗照明设计案例一

的亮度分布，以形成光效果的铺垫，同时要求具有较高的照度水平。橱窗照度一般应是营业空间平均照度的2～4倍，通常位于繁华地段的橱窗照度应为1000～2000lx之间，普通地段的商场橱窗应为500～1000lx之间。但橱窗内的最低照度不应低于该地区阳光最强时的室外照度，否则容易形成玻璃的镜面现象，同时应考虑橱窗外的眩光。橱窗的一般照明宜采用漫射型灯具，但要避免对玻璃的照射。橱窗一般照明的最佳效果是在橱窗外达到"只见亮不见光"的视觉效果。一般照明也可以采用变频灯光效果作为辅助照明，起到吸引视线的作用，但不适合于高雅、端庄的商品橱窗。橱窗的局部照明是对商品的重点照明。成功的重点照明设计可以起到体现商品的质感、色彩，塑造商品的立体感等作用。这些效果主要是通过合理的灯具选择，以及恰当的投光角度等因素实现的。橱窗局部照明通常选用高照度的聚

图6-24 橱窗照明设计案例二

光灯来提供定向照明，以起到凸出表现的效果（图6-23、图6-24）。

商业空间橱窗照明，还应考虑不同性质、不同材质商品的特殊性，需要进行针对性的布光设计。

6.3.3 销售空间照明设计

6.3.3.1 照明综合分析

销售空间的照明需要根据所经营的商品种类、营销方式，以及相应的环境要求等因素来进行设计。通常，经营种类和营销方式的不同决定了照明要求和整体环境质量要求的差异。

例如，以经营服装、鞋帽、化妆品、金银珠宝等商品为主的销售空间，需要高雅的空间氛围、高标准的照明质量，要求整体空间环境具有档次和品位感，以此为消费者提供购物享受，并可提高商品的价值感。因此，此类空间需要丰富的灯光效果创造具有节奏感和审美性的光环境（图6-25）。对于以经营家用电器、日用百货、新鲜货物为主的销售空间，则要求空间的清爽、明亮，无需过多地进行氛围的渲染，但对于新鲜货物区的照明来说，其光源应具备较高的显色性（图6-26）。

6.3.3.2 一般照明设计

商业空间的一般照明主要是提供整体空间

图6-25 具有审美价值的销售空间照明效果

图6-26 清爽而又具有极佳显色效果的果蔬区照明

图6-27 具有一定装饰效果的商场一般照明

的环境照明，通常是对公共区域、通过区域的基础照明。对超市类商业空间和小型便利店来说，其一般照明往往针对整个空间，不设其他照明方式。而不论展位发生怎样的位置调整，都要保证合理的照度与亮度分布。

一般照明设计通常需要适宜的照度和均匀的亮度分布。通常情况下，一般性销售空间的照度应为300～500lx。对一般性商场来说，通常可以采用格栅灯、筒灯等照明灯具和其他漫射型专业商用照明灯具，灯具的安装方式以嵌入式为主。高档商场可以增设反光灯槽、发光顶棚等隐藏式艺术照明手段，以获得均匀亮度和较好的装饰效果（图6-27）。超市类商业空间的一般照明通常可采用悬吊式照明灯具，可采用线式布灯，也可采用点式布灯。当采用点式布灯时，需选择漫反射型灯具，以保障光线的均匀分布。

6.3.3.3 分区一般照明设计

为了给消费者提供购物的便利，也为了方便商场进行销售管理，往往需要根据类别对商品进行分区展示。分区一般照明就是对展示分区的配合，起到对不同商品区域的一般照明作用，在有些情况下也可能兼有重点照明作用（图6-28）。分区一般照明应根据不同区域商品的特点进行设置，所采用的灯具类型、照度水平等应符合不同类别商品的照明质量要求。

例如，就超市的百货区与新鲜货物区来说，同样是销售区域，其照明质量要求却存在一定差异。百货区照明只强调消费者能够清楚地看到商品信息，不过多强调对商品品质的体现，通常要求照度值为800lx左右，光源色温为4000～6000K。而新鲜货物区则要重点突出食品的新鲜感，尤其是熟食、烘焙食品及配餐食品销售区，商家希望通过良好的照明效果来提高新鲜货品的诱惑力，通常要求照度值为1000lx左右，光源色温为3000～4000K。相比之下，百货区更注重以光源的高色温刺激消费者的兴奋，从而促进消费行为的快速发生，而新鲜货物区则更注重以光源的低色温烘托商品的品质感，以提高商品的诱惑力。

6.3.3.4 局部照明设计

局部照明是商业空间照明最重要的组成部

图6-28 为区别商品而采取分区一般照明的
销售空间照明效果

分，主要是对商品的重点照明。重点照明既能够凸显商品的品质，又可以塑造环境氛围，增强空间的品位感。重点照明一定程度上要求具有美化商品的作用，通常要有较高的照度和优异的显色性。

一般来说，销售空间的局部照明主要用于对陈列柜、陈列台、陈列架的照明。陈列柜、陈列台一般为多层封闭结构，陈列架通常有多层棚式结构（一面开敞）、多层开敞结构（两面开敞）以及简易结构等多种形式。陈列柜、陈列台适用于精致商品的展示，棚式结构和开敞结构的陈列架可用于各种小件商品的展示，简易结构陈列架主要适用于服装类商品的展示。对这几种展示方式的照明，不仅要求有较好的水平照度，而且必须保证良好的垂直照度。为了最大限度地展示和美化商品，需要保障每一层空间都具有良好的照明效果（图6-29、图6-30）。陈列柜、陈列台、棚式结构和开敞结构的陈列架的照明可以分为以下几种方式。

图6-30　陈列柜照明设计案例二

图6-29　陈列柜照明设计案例一

（1）顶部照明。即设置在上层隔板底部的照明方式。对于选择不透明材质做隔板的展柜（台）来说，需要进行分层照明；对于使用透明材质做隔板的展柜（台）而言，应考虑光影对上层商品展示

效果的影响。此种照明方式通常采用线式光源。

（2）角部照明。即在柜内拐角处安装照明灯具的照明方式。

（3）混合照明。对于较高的商品陈列柜，采用单一的照明方式往往不能满足照度要求，因此需要同时采用多种照明方法。

（4）外部照明。当陈列柜不便装设照明灯具时，可在顶棚装设下投光定向照明灯具。

对于简易结构陈列架的局部照明，通常采用在顶棚设置下投光定向照明灯具的方式来实现。根据展示内容的不同，可采用均匀布光的形式，也可采用点式布光（图6-31）。

销售区的局部照明需要较高的照度，通常要求照度为一般照明的2～5倍。又因为局部照明灯具的安装位置与人的距离较小，所以很容易产生

图6-31 陈列架照明设计案例三

眩光。因此在灯具布置时应妥善考虑对眩光的控制。例如，当采用角部照明方式为陈列台、陈列柜供光时，要选配适当尺寸的灯罩，同时应尽量使灯具的投射角度向下倾斜。当通过外部照明灯具的设置供光时，应对灯具安设的前后位置和高度进行严格控制。

此外，局部照明宜选择色温为3000～4000K的光源，显色指数应大于80。根据商品的类别，其局部照明还应考虑具有灵活性和可调性，以便于不同场景、不同销售活动之需。

6.3.4 收银区照明设计

通常收银区的照明设计要与一般空间有所区别，尤其对于采用分散付款的大型商场来说，除了要有明显的引导标识之外，更应在照明设计上予以强调，以使收银区从交错纵横的货柜中凸显出来，为消费者提供便利。收银区照明总体应具有明亮的效果，给人清爽、明快之感。

为增强明确性，收银区照明应适当提高照度，或采用与周边不同的照明方式和灯具。收银区的照明一般要求照度为500～1000lx，光源色温为4000～6000K，显色指数R_a大于80。

6.3.5 美食休闲空间照明设计

6.3.5.1 照明综合分析

出于对人性化和商业目的的考虑，休闲、娱乐空间逐渐作为配属功能进入商业空间，最常见的便是美食休闲空间。美食休闲空间通常以提供便利饮食为主，应体现快捷的特点。其中，也可以有侧重于休闲体验的独立空间，则应适当提高品位性。总体来说，商业建筑美食休闲空间的照明设计应在保障环境照明和菜品展示区等重点部位的必要的明视照明的基础上，根据环境的装饰情况来把握照明的处理力度。

6.3.5.2 一般照明设计

美食休闲空间的一般照明主要是为坐席区提供环境照明。一般性美食休闲空间要求有较高的照度，通常应不低于600lx，色温应在4000K左右，以塑造一个明快、轻松，而又具有一定活跃感的环境，便于人们情绪的放松和适度的兴奋，从而促使消费或休息过程的缩短，提高空间的利用率。而对于环境相对高雅的美食休闲空间，通常提供消费水平相对较高的饮食，一是饮食调配较慢，二是不追求客流量，所以对环境品质的追求相对多一点。通常需要使用色温稍低的光源，以渲染环境温馨、舒适的气氛。美食休闲空间的光源显色指数通常不应低于80。

美食休闲空间通常可采用格栅灯、筒灯等漫射型照明灯具作为一般照明，也可根据环境要求选用其他光线均匀的照明形式。

6.3.5.3 局部照明设计

美食休闲空间的局部照明主要设置在点菜区和必要的装饰部位，通常应有高于一般照明的照度。

点菜区的局部照明可以采用线式光源，也可采用点式光源。但采用展示柜的形式展示菜品时，宜选择柜内角部照明方式，一般情况下可选用顶棚照明方式。

6.3.6 仓储空间照明设计

仓储空间照明无特殊的要求，能够为存取、整理货物提供照明保证即可。但应注意选用发热量高的光源时，应保持光源与物品之间的合理距离。这一方面是为了防止热量较高而影响物品的质量，另一方面也是为了避免火灾的发生。

6.3.7 商业空间特定用途照明

对公共场所，特别是人员密集型场所，特定用途照明尤其重要。

6.3.7.1 疏散照明

疏散照明是应急照明的一部分，用于确保疏散通道被有效地辨认和使用。除专用疏散通道、疏散楼梯、消防前室等空间须设专用疏散照明外，一般商场疏散照明可兼作一般照明或兼作警卫照明。

6.3.7.2 疏散指示照明

疏散指示照明用于意外发生时，对疏散路线的指示和引导。疏散指示标志和出口标志灯的设置，应保证人处于商场中的任何位置，至少能看到一个。为避免受到货架等物品的遮挡，疏散指示标志应设置在疏散路线的明显位置，通常高度应为2～2.5m。

6.3.7.3 备用照明

备用照明是应急照明的一部分，用于确保正常照明因故熄灭后，人们可以继续进行正常工作和活动。备用照明通常是为正常照明工具提供备用供电系统。

6.3.7.4 警卫照明

警卫照明是在夜间为改善对人员、财产、建筑物、材料和设备的保卫，用于警戒的照明。警卫照明通常与疏散照明兼用。

6.4 旅游建筑室内照明设计

随着经济的发展和产业结构的调整，旅游业得到了很大发展，作为其服务支柱的旅游建筑也随着迅速兴起。旅游建筑主要是指酒店、饭店、宾馆、旅馆、度假村等可以以夜为时间单位向旅游客人提供配有餐饮及相关服务的住宿设施。旅游建筑不仅具有优美的环境、方便的交通、周到的服务，同时也蕴涵着各异的文化气息，形成了民族、地方、乡土、都市等不同特色的环境氛围。此中，不仅有照明设计的功能保障作用，同时也有照明设计对其风格特色、文化内涵的渲染和塑造。

6.4.1 旅游建筑室内照明设计要点

旅游建筑室内空间的照明，既要通过科学化、合理化的设计满足不同功能空间的功能需求，又要通过人性化、艺术化的处理，体现空间的品质，打造舒适、温馨、高雅、安全的空间氛围，使游客得到心境的愉悦。

6.4.1.1 准确的设计定位

酒店、旅馆等旅游室内空间有千姿百态的风格，其内部都设置了繁多的功能空间，不同空间可能又根据需要进行不同的格调处理，这为照明设计提出了很高的要求。对于照明设计来说，首先要对其内部空间进行全面的了解，掌握功能的设置和空间的组织形式，并作出对不同空间细化的功能区域界定，以从使用功能角度进行针对性设计。对于酒店风格的体现更是一个重要的环节。不同格调的酒店要求具有不同的氛围，采用什么样的照明组织形式，运用什么样的灯光效果，都是影响空间氛围的重要因素。因此，应结合室内设计效果，对不同布光手段的效果进行分析，寻求符合特定空间装饰格调和氛围要求的照明设计方案。

6.4.1.2 人性化的光环境

光环境的人性化是"以人为本"思想和要求的体现。室内照明设计中的人性化主要表现在必要功能点的全面、照度设置的合理、亮度分布的适宜以及氛围渲染的适度。

功能点设置的全面与否基于对不同功能空间功能设置的分析结果，这既与室内空间设计结果有关，也需要照明设计师的合理调整。室内设计过程中要考虑很多问题，难免会有遗漏，经验丰富的照明设计师应该予以指正。功能点的遗漏会对空间的后续使用造成很大不便，甚至影响空间的整体效果。因此设计师应进行仔细分析和认真论证，不应把工作留给施工阶段的变更，甚至使用阶段的拆除或增设。

照度设置的合理程度取决于照明设计师对功能的准确定位。若不能掌握不同功能的具体要求，则会造成照度的盲目设置，事实上，无论照度高低与否，只要与功能需求不匹配，就会产生不当影响。这种影响轻则限制空间价值的很好实现，重则会对空间使用者造成伤害。因此，设计师要对旅游空间的特点和具体功能的照明质量标准有很好的把握，以相关标准为依据，根据不同

环境的具体情况进行全面的分析，做出针对性的照度定位。

亮度分布的不均匀会造成人的视觉不适，而绝对均匀的亮度分布又会使空间平淡乏味，失去趣味感。设计师必须从单一空间入手，对空间界面、物体表面材质的光反射特性和它们的空间关系，以及人群密度等因素进行分析，作出适当的照度调节，保证空间内的亮度分布节奏符合要求，进而从建筑空间的整体角度对不同空间的亮度进行比对，并作出效果评定。当空间整体亮度分布不合理时，则需要回到单一空间在度的范围内进行调整，或通过相邻空间的过渡空间（如果有）进行亮度的调和。

氛围的渲染是对装饰性的表现，若渲染不到位，会降低空间的品位感和档次感；而过度的渲染又会令人产生或焦躁或忧郁之感。照明设计师应掌握不同功能空间所需要的气氛，同时要对特定功能空间氛围营造的合理尺度进行把握，避免两个极端的出现。同时，应从空间的归属性角度进行尺度的度量。例如，对独立经营的夜总会进行照明设计，需要营造出足够的氛围感，而当夜总会作为酒店的一个配属功能空间时，其照明可进行适当的弱化处理。

6.4.1.3 适宜的构成效果

照明设计具有满足了功能需求、增强了空间氛围的光环境，不等于在任何时段都一定会具有良好的装饰效果，尤其体现在自然光充足的空间。使用功能的满足可以通过对不同时段采取的不同的灯光控制手段来解决，而对于氛围的营造，尽管设计师会投入很大的精力，但仍不能确保每个时段都达到理想的效果。因此，在光环境不能充分渲染气氛的情况下，我们至少要通过照明组织形式、灯具的审美等要素的构成美来增强装饰效果。要从照明设施的整体规划到具体布置

图6-32 形式简约、简洁的酒店入口照明

形式都进行认真分析、比较，形成具有形式美而又不脱离室内装修设计效果的构成效果，同时更要充分发挥灯具的装饰作用。

6.4.1.4 光效果与空间形态的紧密结合

旅游建筑室内空间结构相对复杂，空间组织形式丰富、形态各异，具有较高的审美体验。这既对照明设计提出了更高的要求，也为照明设计提供了平台，使照明设计具有宽广的发挥空间。进行设计时，要有宏观的概念，也要有具体的手段，利用不同的光效果实现对空间组织的辅助，体现空间形态的各自特点。

6.4.2 入口、门厅照明设计

6.4.2.1 照明综合分析

旅游建筑入口是整个建筑室内空间的引导空间，它应反映出酒店、旅馆的档次和品位，充分发挥"引导"作用。门厅是入口和大堂之间的连接空间，起到从室外到室内的过渡作用。对一部分旅游建筑来说，其门厅已经完全淡化，往往不具备独立的形态，尽管如此，在照明设计中也要利用照明组织进行适度的空间界定，对充当门厅作用的空间进行合理的照明组织，实现其处于过渡位置应起到的缓冲作用。

入口的照明设计要将其空间特点、作用进行综合考虑，通常需要足够的照度和适当的装饰效果。门厅则要侧重考虑其处于室外与室内空间转换的特殊位置，所应起到的对人视觉的调节作用。入口、门厅照明的总体要求应是适宜的照度、贴切的风格体现以及对装饰效果的恰当渲染。如果整体建筑空间是一首曲子，入口和门厅只是这首曲子的前奏，切不可过于看重它是建筑的第一个室内空间的位置因素而过分夸张效果，造成对整体空间节奏的破坏。

6.4.2.2 一般照明设计

入口的一般照明应是环境照明与装饰照明的结合，即不仅要具有照亮空间的作用，同时要具有较好的装饰性。通常入口需要良好的照度水平，但入口属于非常规空间，所以照明设计要认识到其空间的特殊性，如高悬的顶棚、因三面开敞而造成的光散失等因素，因而不能从常规空间的角度考虑配光。

入口、门厅的照明组织形式与灯具的选择是功能与装饰效果的双重保障。照明组织形式的选择要结合顶棚的装修设计，要与酒店、旅馆的整体风格定位相协调。当酒店定位于豪华、高档时，需要相对复杂的形式和与具体设计风格协调的灯具；当酒店定位于高雅、大气时，需要相对简洁的照明组织形式和富有内涵而不强调复杂构造的灯具；当酒店定位于简洁、明快时，其入口、门厅的照明组织就要采取相对单一的形式，同时无需过于追求灯具的装饰性（图6-32、图6-33）。

入口、门厅的一般照明主要通过顶部照明实现，一般采用均匀布置的下投光漫射型灯具，嵌入式、吸顶式、悬吊式均可，当顶棚过高时，宜选用光束角较小的灯具，并应增大灯具的密度和光源的功率。可以根据需要与反光灯槽等间接照明形式配合，也可以另设主灯。主灯的装饰性一定要做到点到为止，不能有过于炫耀之势。宜选择色温低、显色性好、发光效率高的光源，以塑造空间的亲切、热烈感。灯光应做到分组分路控制，以适应不同的室外亮度情况下的照明需求。

6.4.2.3 局部照明

入口的局部照明主要用于以下几个部位：雨篷的柱子，与门厅相接的墙面、车道。雨篷柱子部位的局部照明通常采用上投光直接照明方式，实际上是为利用顶棚反射而获得间接照明效果，同时也可兼得一定的装饰效果，所以严格来说是一种一般照明的特殊形式。当对柱子采取亮化处理时，即将柱子或其局部做成发光体，为避免有虚张声势之嫌应降低其亮度。入口位置可以在面向门厅的墙面设置局部照明作为一般照明的辅

图6-33 具有豪华感的酒店入口照明

助,通常可以采用壁灯或定向照明灯具。车道照明是入口局部照明的重要组成部分,应以安全保障作用为主,承担对车辆的警示和引导作用,因而要严格控制照度和眩光,宜选择有遮光罩的防水型嵌入式照明灯具。

因为门厅是一个转瞬通过的空间,所以不强调过分的装饰,局部照明相对较少,通常只是对必要位置的装饰画或陈设品的照明。

6.4.3 大堂照明设计

6.4.3.1 照明综合分析

大堂是旅游建筑的主要室内空间之一,是酒店、旅馆档次的体现和品位的缩影,也是其建筑室内装饰节奏控制中的第一个高潮空间。大堂是一个集多种服务功能于一体的空间,抛开其附属功能空间不说,在大堂的统一空间中,至少要包括大堂副理工作区、总服务台、休息区、自助商务区(自动取款、电话厅等)等功能空间,对于高标准、高档次的酒店还应有大堂吧,甚至垂直交通空间。功能的复杂性决定了应对其照明设计进行统一把握、个别对待。通常采用混合照明方式,以一般照明作为光环境的整体铺垫和对不同功能区域的联系手段,然后对各功能区域进行分区一般照明和局部照明处理。

大堂照明总体要求既要满足整体与局部的功能要求,又要实现对空间氛围的渲染;既要考虑消费者的需求,又不能忽略服务的便利性;既要对不同区域采取变化处理,又要保证整体效果的和谐。

6.4.3.2 一般照明

大堂的一般照明是对空间公共部分的环境照明,照度一般应为300lx左右,光源应以暖白色调为主,而对于不同设计风格和具体的空间因素可进行一定的调节。当需要体现空间的雄壮、豁达气势时,应适当提高照度和光源色温;当需要体现环境的豪华、高档品质时,可适当降低照度,并选择略低色温的光源;而欲体现优雅、舒缓的氛围,则更需低照度和低色温的配合(图6-34、图6-35)。

大堂的一般照明通常以顶部供光方式为主,照明的组织形式是装饰效果重要组成部分。均匀分布的点式照明可以达到照度充足、亮度均匀的效果,对于追求简洁、明快的空间来说能够符合要求。对于要求相对较高的环境来说,这种做法会显得过于平庸,因而可采用一定形式的线式照明进行配合。同时,在把握好主次关系的情况下,再采用冷暖光源结合的手法,将形成点线结合、冷暖交汇、层次丰富的灯光效果。主体灯具对大堂的装点作用更不容忽视,体量适中、形态优美的主体灯具将是光环境的中心和视觉的焦点。但无论如何,照明的组织形式、灯具的选择都要以与空间环境的具体因素和酒店、旅馆的定位相融合。

用于大堂一般照明的灯具主要以筒灯、斗胆灯、支架灯、吸顶灯、吊灯为主,个性酒店则可考虑其他漫反射型灯具。

6.4.3.3 分区一般照明

大堂的分区一般照明是对一般照明的必要补充,也是对不同区域照度要求的满足和装饰效果的区别处理。分区一般照明要根据不同区域的功能进行个别对待。例如,通常情况下大堂吧的桌面照度应为100lx左右,休息区的地面照度应为200lx左右,而接待区因需要进行一定量的文字工作,则照度应进一步提高。这种照度控制节奏不仅符合功能需要,同时便于形成空间光环境的变化。在照明组织方面也应区别对待,组织形式要与不同区域的功能性质相吻合,同时要为区域功

图6-34 富丽堂皇的酒店大堂照明

图6-35 简洁、大气的酒店大堂照明

图6-36 动静相依的大堂吧照明

能独立性和空间形态特点的体现起辅助作用。

　　大堂的休息区是客人临时休息与会客的地方，需要具有安静、轻松的环境，因此照明的组织应具有简洁、明快的特点。经常选择点式光源和线式光源相结合的手法，并可以设置主灯具。宜采用偏暖色调的光源，以塑造温馨、恬静的气氛，便于客人精神的放松和会客的愉快。

　　就大堂吧来说，它是一个为客人提供酒水、饮料的消费区域，通常需要优雅的环境和适度的浪漫情调。大堂吧的性质决定了其照明设计需具有一定的装饰性，所以其照明组织要体现一定的形式感，并塑造光环境的朦胧、含蓄或高贵、雅致感。大堂吧的照明组织不拘泥于确定的形式，灯具的选择范围较为广阔，嵌入式、吸顶式、悬吊式灯具及各种间接照明手段皆可，照度不宜过高，光源颜色宜偏暖色（图6-36）。

　　尽管大堂的各个区域具有相对独立的功能和视觉上的独立空间，可以采取不同的处理手法，但由于它们处于同一视场内，所以，从使用方面应考虑其亮度分布的合理，从审美方面应考虑照明组织的协调性和联系性，以使得大堂在具有丰富的照明效果的同时，仍保持着完整统一体的状态。

6.4.3.4 局部照明

　　大堂的局部照明比较分散，每一个功能区域都存在不同量的局部照明。

　　服务区的局部照明最为集中，而且应具有更明确的强调和装饰作用。服务区是大堂的最主要功能区域，承担着客人入住、退房的手续办理及业务咨询等工作。其照明应达到满足书写需求和起到对客人视线的引导作用，因而要求有较高的照度，通常要求总服务台处地面照度不低于300lx。实际上，为凸显总服务台的醒目位置，体现其重要作用，可以设置更高的照度。总服务台的局部照明主要是服务台的立面照明和台面顶部的照明。其立面照明中，通常点式光源、线式光源、面式光源都可使用，但不宜同时使用，否

图6-37 满足明视需求的酒店总服务台照明

图6-38 采用顶部混合照明的酒店电梯厅

则会显得杂乱。各种光源的使用，因总台的设计形式而异。点式光源通常可用于立面采用分段造型手法的总台，宜选用窄照型下投光灯具（如射灯），能够体现出优美的光晕效果；线式光源通常可用于立面采用凹凸形式的总台；面式光源则使总台体现出通体明亮的效果，宜选用透光石作为光源的隐蔽材料，尤其是选用松香黄大理石作为罩面材料时，具有富贵、华丽的灯光效果。总服务台顶部的照明应为台面提供均匀的亮度，并具有良好的垂直照度和显色性，以便于服务人员与客人的正常交流（图6-37）。通常情况下，以总服务台的台面为界，其上部亮度要高于下部亮度，一方面为避免眩光，另一方面是为避免下部空间过于明亮而造成总台的不稳定感。

大堂的柱子或主要部位的柱子经常会被作为一个局部照明点，有时候是为了对柱子进行弱化处理，有时候是为了强调，但无论是何目的，都应具有一定的装饰效果。

大堂的局部照明还包括休息区、大堂吧的装饰性照明，大堂的主要墙面、装饰画、陈设品、装饰小品的重点照明，以及自动取款机、电话亭等局部小空间的功能照明。

6.4.4 走廊、楼梯间、电梯厅照明设计

走廊、电梯厅是通过空间，又是相关功能空间的联系空间。在功能方面，它们要具有合理的照度、适宜的亮度分布，以提供客人的正常通过所需。通常旅游建筑室内空间走廊照度应为50lx左右，电梯厅照度应为200lx左右。同时，应适当考虑其相邻功能空间的亮度情况，应以取其中间亮度为宜。在装饰性方面，走廊、电梯厅应与建筑室内空间的整体风格一致，无需过多考虑其周边功能空间的装饰风格。对走廊来说，除非另一

端形成明确的区域界定，否则不应具有对某一功能空间的归属感。

走廊、电梯厅的一般照明通常可采用以顶部供光为主、以墙壁供光作辅助的方法。顶部供光通常以筒灯、反光灯槽、发光顶棚、吸顶灯为主，电梯厅和有充足高度的走廊可以酌情考虑悬吊式灯具（图6-38）。墙壁供光通常以壁灯为主。走廊照明组织应考虑装饰性和对空间效果的改善，尤其是对狭长走廊和低矮走廊的空间效果改善。走廊、电梯厅的一般照明通常均需采用漫反射型灯具。

走廊、电梯厅的局部照明主要是对装饰画、壁龛等的重点照明和与墙面造型结合的装饰照明，重点照明宜选用射灯，装饰照明宜采用反光灯槽的形式。

走廊应设置应急照明和疏散指示灯。

楼梯间通常选择漫反射型吸顶灯，可在休息平台处设置壁灯。壁灯的安装高度应注意眩光的控制。

6.4.5 客房照明设计

客房是以客人休息为主，以书写、阅读为辅的场所。就一般性标准客房来说，通常应塑造温馨、舒适、安全的空间氛围，以使客人得到身心的放松。

客房的照明主要以各功能区域的功能性照明为主，一般照明主要通过入口处的照明灯具提供，必要时可借助其他局部区域的功能性照明。

入口处照明通常在顶棚上设置一盏或几盏筒灯，同时兼有对衣柜、卫生间门口及室内的照明。室内的其他照明主要是床头的床头灯，写字台处的台灯，写字台处镜子上方的镜前灯，休息区的落地灯。床头灯通常采用可调式壁灯。为给

图6-39 温馨、祥和的酒店客房照明

客人提供方便，通常可以在入口处靠近房间里边位置设置夜灯，另可根据情况设置衣橱灯。对于有小吧台的客房，可在吧台上方设置装饰照明，通常以射灯为主（图6-39、图6-40）。标准客

图6-40 明亮、清爽的酒店客房局部

房卫生间照明应包括顶部嵌入式灯具或吸顶式灯具、梳妆台处局部照明。卫生间灯具应注意防水性要求。

客房照明应注意照度设置的合理，通常情况下，一般活动区0.75m水平面照度应为75lx左右，床头位置0.75m水平面照度应为150lx左右，写字台面照度应为300lx左右，卫生间0.75m水平面照

图6-41 具有丰富视觉效果的中餐厅照明

度应为150lx左右。客房一般宜选择偏暖色光源。

客房照明的控制具有一定的特殊性，为给客人提供方便，通常采取集中控制的方法，控制器一般设在床头柜上，对特殊部位的照明应设置双控开关。

6.4.6 餐厅照明设计

6.4.6.1 照明综合分析

餐厅是为客人提供就餐服务的场所，通常分为中餐厅、西餐厅、风味餐厅、宴会厅、包间等不同种类。餐厅的总体照明要求是空间明亮、气氛融洽、环境优雅，但具体照明质量要求和氛围要求因餐厅风格不同而存在较大差别，应对具体空间进行个别对待。为提高饭菜的观感效果，餐厅对光源的显色性要求较高，通常要求显色指数大于80。

6.4.6.2 一般照明

餐厅的一般照明既是环境照明，又是功能照明，要使整个空间具有适宜的照度，保证客人的正常就餐。通常情况下，以0.75水平面为基准，中餐厅照度应为200lx左右，西餐厅和风味餐厅照度应为100lx左右，宴会厅照度应为300lx左右，

图6-42 平静、优雅的西餐厅照明

但具体照度水平的设置应根据情况适当调整。

餐厅的一般照明主要通过顶部供光实现，中餐厅、宴会厅一般采取相对复杂的照明组织形式，强调光源的点线面结合、直接照明与间接照明的结合、灯具的对称式布局、照明工具布置的形式变化等，以追求层次丰富的光环境和中正、平直的形式特征，添加豪华、热烈的就餐气氛（图6-41）。西餐厅和风味餐厅通常采用较为平淡的布光形式，注重光源点线面结合的形式感，强调随意感，追求环境的平静、优雅（图6-42）。餐厅灯具应与餐桌对应布置，尤其对于有明显组团性特征的灯具组织形式来说，不仅有益于使用功能，更可以形成视觉的完整性。

餐厅一般照明的灯具主要以筒灯、反光灯槽、发光顶棚、吸顶灯、吊灯等漫反射型灯具为主。主灯（吸顶灯或吊灯）是餐厅的主要装饰元

图6-43 以定向照明加强装饰效果的餐厅局部重点照明

素，是不同风格餐厅的符号和标记，为强化装饰效果，应选择风格倾向明确的灯具，如中式的宫灯、西式的蜡烛灯等。

6.4.6.3 局部照明

餐厅的局部照明主要是对吧台、点菜区的功能照明和对装饰画、陈设品、景观小品的重点照明。对包间来说，因为餐桌定位明确，所以可以在顶棚上以主灯为圆心，围绕主灯均匀布置一定数量的射灯，以增加菜品的色感。但应注意避免产生眩光。对宴会厅来说，因其有时候要兼有演出、讲演等功能，所以应在关键部位设置备用局部照明，以供不同情况之需。局部照明多采用定向照明灯具（图6-43）。

图6-44 以线光源与主灯具配合的酒吧照明

6.4.7 酒吧、咖啡厅照明设计

酒吧、咖啡厅属于休闲空间，酒店、旅馆的酒吧和咖啡厅应以体现安静、优雅的空间氛围为主，对有些酒吧来说，可以适当进行气氛的活跃渲染，但不应与专业酒吧相提并论。根据酒吧、咖啡厅功能和气氛的需要，其照度不宜过高，通常0.75m水平面照度为100lx左右。

酒吧、咖啡厅源于西方文化，所以在照明设计的特点上与西餐厅相似，通常顶部照明可采用较为简单的照明形式，不过多追求顶部复杂多变的光线层次，而是重点强调灯具组织形式的韵律感和随意的自然美以及必要的光影效果，同时可以结合墙面的光影效果渲染气氛。例如，可采用均匀布置的低照度筒灯作为环境照明的主体，以不同形式感和走势的线光源为辅助，同时还可以在光源色彩方面采取一定的变化，以增添浪漫情调，必要时可采用重点灯具对坐席进行定向照明（图6-44）。当上部空间采用较为复杂的混合照明时，应注重不同照明形式的投光效果的变化和

图6-45　以装饰性为主的低照度灯具增强了空间的装饰效果

适度的亮度变化，但应避免多种形式光线叠加后造成空间的高亮度。对于坐席分区组织的酒吧、咖啡厅，其顶部照明应与坐席采取一定的呼应形式。当存在包厢形式的分区时，可以采用悬吊式下投光漫射灯具进行一定的装饰处理，以增强区域的独立感和空间氛围。

陈设品、小品是重点装饰部位，应采用特殊照明手段进行重点处理，增添空间的装饰效果。同时，鉴于酒吧、咖啡厅中低照度的环境特点和休闲的气氛需求，应适当增加装饰照明设计，例如以不同形态的照明手段为主体创作景观小品，或者利用装饰性强的灯具等为空间添置亮点，渲染情调（图6-45）。

6.4.8 舞厅、KTV包间照明设计

酒店、旅馆的舞厅属于娱乐空间，应以塑造幽雅的环境，活跃、热烈的气氛为主。舞厅、KTV包间不追求有很高的照度，也不强调亮度分布的均匀，而是强调光环境的层次多变和虚幻迷离的感觉，追求光效果的动静结合，强调灯光的三维布置（图6-46）。

舞厅、KTV包间通常采用低照度的灯具作为环境照明，且宜选用小直径的点式灯具或线式灯具。舞厅应对坐席区和舞池采取分区照明方式，通常可在固定坐席区设置低照度漫反射型定向照明灯具，灯具位置不宜过高，以免对周围光环境产生影响；也可以利用额外的墙面装饰照明对特定区域增

图6-46 视觉效果丰富的酒店KTV包间

加一定的照度。一般不宜对散座区的坐席采取定位照明方式，以免破坏整体空间光环境的层次感。舞池灯具是舞厅照明的重点部分，通常采用顶灯和地灯结合的方式。顶灯主要是各种具有特殊光效的旋转、摇臂、频闪、追光等舞台专用灯，为空间提供绚烂多姿、七彩纷呈的灯光环境。地灯主要是发光地面，可以利用变频手段产生变光、频闪等效果。对于下沉式舞池，可以在周边设置嵌入式或暗藏式照明灯具（图6-47）。

KTV照明中，应注意对点歌台的重点照明，但应以能够满足使用即可。舞厅、KTV照明光源主要是荧光灯、LED、光纤、低压卤化物灯。

图6-47 光效果丰富的舞厅照明

延伸阅读:

1.阴振勇,《建筑装饰照明设计》,中国电力出版社,2006年1月出版。

2.吴蒙友,《建筑室内灯光环境设计》,中国建筑工业出版社,2007年1月出版.

3.(日)日本建筑学会,《光和色的环境设计》,刘南山、李铁楠译,机械工业出版社,2006年1月出版.

思考题:

1.试对住宅照明的整体特点进行分析。

2.同为大厅,办公空间的大厅和酒店的大厅在照明设计上有何区别?

3.如何把握中餐厅照明与西餐厅照明的差别?

4.休闲空间的照明与娱乐空间的照明应怎样对待?

▌ 附录

建筑照明设计常用术语

1. 绿色照明 green lights

绿色照明是节约能源、保护环境，有益于提高人们生产、工作、学习效率和生活质量，保护身心健康的照明。

2. 视觉作业 visual task

在工作和活动中，对呈现在背景前的细部和目标的观察过程即视觉作业。

3. 光通量 luminous flux

光通量是根据辐射对标准光度观察者的作用导出的光度量。对于明视觉有：

$$\Phi = K_m \int_0^\infty \frac{d\Phi_e(\lambda)}{d\lambda} \cdot \nu(\lambda) \cdot d\lambda$$

式中　　$\dfrac{d\Phi_e(\lambda)}{d\lambda}$ ——辐射通量的光谱分布；

　　　　$\nu(\lambda)$ ——光谱光（视）效率；

　　　　K_m ——辐射的光谱（视）效能的最大值，单位为流明每瓦特（lm / W）。在单色辐射时，明视觉条件下的 K_m 值为683 lm/W（λ_m = 555nm时）。

光通量的符号为 Φ，单位为流明（lm），1lm = 1cd •1sr。

4. 发光强度 luminous intensity

发光体在给定方向上的发光强度是该发光体在该方向的立体单元 $d\Omega$ 内传输的光通量 $d\Phi$ 除以该立体角单元所得之商，即单位立体角的光通量，其公式为

$$I = \frac{d\Phi}{d\Omega}$$

发光强度的符号为 I，单位为坎德拉（cd），1cd = 1lm / sr。

5. 亮度 luminance

亮度是单位投影面积上的发光强度，其公式为

$$L = \frac{d\Phi}{dA \cdot \cos\theta \cdot d\Omega}$$

式中　$d\Phi$——由给定点的束元传输的并包含给定方向的立方角 $d\Omega$ 内传播的光通量；

　　　dA——包含给定点的射束截面积；

　　　θ——射束截面法线与射束方向间的夹角。

亮度的符号为 L，单位为坎德拉每平方米（cd/m^2）。

6. 照度 illuminance

表面上一点的照度是入射在包含该点的面元上的光通量 $d\Phi$ 除以该面元面积 dA 所得之商，即

$$E = \frac{d\Phi}{dA}$$

照度的符号为 E，单位为勒克斯（lx），1lx=1lm/m^2。

7．维持平均照度 maintained average illuminance

规定表面上的平均照度不得低于此数值。它是在照明装置必须进行维护的时刻，在规定表面上的平均照度。

8．参考平面 reference surface

测量或规定照度的平面。

9．作业面 working plane

在其表面进行工作的平面。

10．亮度对比 luminance contrast

视野中识别对象和背景的亮度差与背景亮度之比，即

$$C = \frac{\Delta L}{L_b}$$

式中　C——亮度对比；

ΔL——识别对象亮度与背景亮度之差；

L_b——背景亮度。

11．识别对象 recognized objective

识别的物体和细节（如需识别的点、线、伤痕、污点等）。

12．维护系数 maintenance factor

照明装置在使用一定周期后，在规定表面的平均照度或平均亮度与该装置在相同条件下新装时，在同一表面上所得到的平均照度或平均亮度之比。

13．一般照明 general lighting

为照亮整个场所而设置的均匀照明。

14．分区一般照明 localized lighting

对某一特定区域，如进行工作的地点，设计成不同的照度来照亮该区域的一般照明。

15．局部照明 local lighting

特定视觉工作用的、为照亮某个局部而设置的照明。

16．混合照明 mixed lighting

由一般照明与局部照明组成的照明。

17．正常照明 normal lighting

在正常情况下使用的室内外照明。

18．应急照明 emergency lighting

因正常照明的电源失效而启用的照明。应急照明包括疏散照明、安全照明、备用照明。

19．疏散照明 escape lighting

作为应急照明的一部分，用于确保疏散通道被有效地辨认而使用的照明。

20．安全照明 safely lighting

作为应急照明的一部分，用于确保处于潜在危险之中的人员安全的照明。

21．备用照明 stand-by lighting

作为应急照明的一部分，用于确保正常活动正常进行的照明。

22．值班照明 on-duty lighting

非工作时间，为值班所设置的照明。

23．警卫照明 security lighting

用于警戒而安装的照明。

24．障碍照明 obstacle lighting

在可能危及航行安全的建筑物或构筑物上安装的标志灯。

25．频闪效应 stroboscopic effect

在以一定频率变化的光照射下，观察到物体运动呈现出不同于其实际运动的现象。

26．光强分布 distribution of luminous intensity

用曲线或表格表示光源或灯具在空间各方向的发光强度值，也称配光。

27．光源的发光效能 luminous efficacy of a source

光源发出的光通量除以光源功率所得之商，简称光源的光效。单位为流明每瓦特（lm/W）。

28．灯具效率 luminaries efficiency

在相同使用条件下，灯具发出的总光通量与灯具内所有光源发出的总光通量之比，也称灯具的光输出比。

29．照度均匀度 uniformity radio of illuminance

规定表面上的最小照度与平均照度之比。

30．眩光 glare

由于视野中的亮度分布或亮度范围的不适宜，或存在极端的对比，以致引起不舒适的感觉或降低观察细部或目标的能力的视觉现象。

31．直接眩光 direct glare

由视野中，特别是在靠近视线方向存在的发光体所产生的眩光。

32．不舒适眩光 discomfort glare

产生不舒适感觉，但不一定降低视觉对象的可见度的眩光。

33．统一眩光值 unified glare rating（UGR）

它是度量处于视觉环境中的照明装置发出的光对人眼引起的不舒适感主观反应的心理参量，其值可按CIE统一眩光值公式计算。

34．眩光值 glare rating（GR）

它是度量室外体育场和其他室外场地照明装置对人眼引起的不舒适感主观反应的心理参量，其值可按CIE眩光值公式计算。

35．反射眩光 glare by reflection

由视野中的反射引起的眩光，特别是在靠近视线方向看见反射像所产生的眩光。

36．光幕反射 veiling reflection

视觉对象的镜面反射，它使视觉对象的对比降低，以致部分地或全部地难以看清细部。

37．灯具遮光角 shielding angle of luminarie

光源最边缘一点和灯具出口的连线和水平线之间的夹角。

38．显色性 colour rendering

照明光源对物体色表的影响，该影响是由于观察者有意识或无意识地将它与参比光源下的色表相比较产生的。

39．显色指数 colour rendering index

在具有合理允许差的色适应状态下，被测光源照明物体的心理物理色与参比光源照明同一色样的心理物理色符合程度的度量。符号为R。

40．特殊显色指数 special colour rendering index

在具有合理允许差的色适应状态下，被测光源照明CIE试验色样的心理物理色与参比光源照明同一色样的心理物理色符合程度的度量。符号为R_i。

41．一般显色指数 general colour rendering index

八个一组色试样的CIE1974特殊显色指数的平均值，通称显色指数。符号为R_a。

42．色温度 colour temperature

当某一种光源（热辐射光源）的色品与某一温度下的完全辐射体（黑体）的色品完全相同时，完全辐射体（黑体）的温度，简称色温。符号为Tc，单位为开（K）。

43．相关色温度 correlated colour temperature

当某一种光源（热辐射光源）的色品与某一温度下的完全辐射体（黑体）的色品最接近时，完全辐射体（黑体）的温度，简称相关色温。符号为Tcp，单位为开（K）。

44．光通维持率 luminous flux maintenance

灯在给定点燃时间后的光通量与其初始光通量之比。

45．反射比 reflectance

在入射辐射的光谱组成、偏振状态和几何分布给定状态下，反射的辐射通量或光通量与入射的辐射通量或光通量之比。符号为ρ。

46．照明功率密度 lighting power density（LPD）

单位面积上的照明安装功率（包括光源、镇流器或变压器），单位为瓦特每平方米（W/m²）。

47．室形指数 room index

表示房间几何形状的数值。其计算式为

$$RI = \frac{a \cdot b}{h(a+b)}$$

式中　RI——室形指数；

　　　a——房间宽度；

　　　b——房间长度；

　　　h——灯具的计算高度。

▌ 参考文献和图片主要来源

[1] 俞丽华，朱桐城.电气照明[M].上海：同济大学出版社，1990.

[2] 郝允祥.光度学[M].北京：北京师范大学出版社，1988.

[3] 赵思毅.室内光环境[M].南京：东南大学出版社，2003.

[4] 张金红，李广.光环境[M].北京：北京理工大学出版社，2009.

[5] （英）J.R.柯顿，（英）A.M.马斯登.光源与照明[M].第四版.陈大华等，译.上海：复旦大学出版社，2000.

[6] 北京照明学会照明设计专业委员会.照明设计手册[M].第二版.北京：中国电力出版社，2006.

[7] 陈小丰.建筑灯具与装饰照明手册[M].北京：中国建筑工业出版，2000.

[8] 孙建民.电气照明技术[M].北京：中国建筑工业出版，1998.

[9] （日）中岛龙兴.照明灯光设计[M].马卫星，译.北京：北京理工大学出版社，2003.

[10] 李光耀.室内照明设计与工程[M].北京：化学工业出版社，2007.

[11] 陆燕，姚梦明.商店照明[M].北京：复旦大学出版社，2004.

[12] 刘虹.绿色照明概论[M].北京：中国电力出版社，2009.

[13] 李恭慰.建筑照明设计手册[M].北京：中国建筑工业出版，2004.

[14] 李文华.室内照明设计[M].北京：中国水利水电出版社，2007.

[15] （日）日本建筑学会.光和色的环境设计[M]。刘南山，李铁楠，译.北京：机械工业出版社，2006.

[16] 阴振勇.建筑装饰照明设计[M].北京：中国电力出版社，2006.

[17] 裴俊超.灯具与环境照明设计[M].西安：西安交通大学出版社，2007.

[18] 施琪美.装饰灯光效果设计[M].南京：江苏科学技术出版社，2001.

[19] 詹庆旋.建筑光环境[M].北京：清华大学出版社，1988.

[20] 吴蒙友.建筑室内灯光环境设计[M].北京：中国建筑工业出版社，2007.

[21] 杨明涛，深圳市创福美图文化发展有限公司.顶级酒店2[M].大连：大连理工大学出版社，2009.

[22] 深圳市创扬文化传播有限公司.中国最新顶尖样板房Ⅲ：上册[M].赵欣，译.大连：大连理工大学出版社，2009.

[23] 深圳市创扬文化传播有限公司.中国最新顶尖样板房Ⅲ：下册[M].赵欣，译.大连：大连理工大学出版社，2009.

[24] 香港卓越东方出版社有限公司.全球奢华酒店[M].张颖秋，译.大连：大连理工大学出版社，2009.

[25] 翟东晓，深圳市创福美图文化发展有限公司.第16届亚太区室内设计大奖入围及获奖作品集[M].大连：大连理工大学出版社，2009.

[26] 深圳市创扬文化传播有限公司.中国最新顶尖办公空间[M].赵欣，白丹，译.大连：大连理工大学出版社，2008.

[27] 翟东晓，深圳市创福美图文化发展有限公司.第十五届亚太室内设计大奖作品集（会所娱乐空间）[M].大连：大连理工大学出版社，2009.

[28] 李壮.07室内设计集成（上）[M].天津：天津大学出版社，2007.

[29] 李壮.07室内设计集成（下）[M].天津：天津大学出版社，2007.